青少年 科普图书馆

U0395643

❧ 世界科普巨匠经典译丛·第三辑 ❧

浩瀚的宇宙

HAOHAN DE YUZHOU

揭开宇宙深处的秘密

（英）金斯 著　杨和胜 译

上海科学普及出版社

图书在版编目（CIP）数据

浩瀚的宇宙：揭开宇宙深处的秘密/（英）金斯著；杨和胜译.—上海：上海科学普及出版社,2014.2（2021.11 重印）

（世界科普巨匠经典译丛·第三辑）

ISBN 978-7-5427-5874-3

Ⅰ.①浩… Ⅱ.①金… ②杨… Ⅲ.①宇宙－普及读物 Ⅳ.① P159-49

中国版本图书馆 CIP 数据核字 (2013) 第 222288 号

责任编辑：李 蕾

世界科普巨匠经典译丛·第三辑

浩瀚的宇宙

揭开宇宙深处的秘密

（英）金斯 著 杨和胜 译

上海科学普及出版社

（上海中山北路 832 号 邮编 200070）

http://www.pspsh.com

各地新华书店经销 三河市金泰源印务有限公司印刷

开本 787×1092 1/12 印张 18.5 字数 223 000

2014 年 2 月第 1 版 2021 年 11 月第 3 次印刷

ISBN 978-7-5427-5874-3 定价：39.80 元

本书如有缺页、错装或坏损等严重质量问题

请向出版社联系调换

序言

天文学和其他的科学没有什么不同。它的发展进步，让我们一步步接近真理，得到一个个更加精准的判断。我们研究得到的天文学理论，还为物理和化学等理论学科的发展提供了帮助。

对于人类历史进程来说，1610 年的 1 月 7 日是一个值得纪念的日子。在那一天的晚上，伽利略，一位来自帕多瓦大学数学系的教授，用一台天文望远镜看向了遥远的星空，这是他最新的发明。

大约在三个世纪之前，罗杰·培根曾经向世人阐述过一件事情：望远镜应该怎样制作，我们才能更近距离地观察星空中的星星。他就是眼镜的发明者。在他的阐述中，还提到了应该怎样制作镜片，才能搜集折射到它上面的远方光线。这些光线会集中在一个焦点上，然后通过人的瞳孔传递到视网膜上。这个原理就跟助听器的一样。助听器搜集聚在一个大孔直径上的声波，并将这些声波折射到一个焦点上，然后通过人的耳膜传达到耳鼓上。这种镜片能提高人的视力，就像助听器能提高人的听力一样。

1608 年的时候，利伯希发明了世界上第一架望远镜。伽利略一听到这个消息，马上对望远镜的制作原理进行了仔细的研究。果然，不久之后，他就亲手制作了一架更为先进的望远镜。在当时的意大利，这次发明掀起了一场很大的轰动。这个激动人心的消息很快在社会中传播开来，意大利的大街小巷中，人人都在议论望远镜卓越的功能。威尼斯的总督和元老院也听说了这个消息，他们命令

伽利略

伽利略将它带到政府中来展示。之后的情况就是，据目睹的威尼斯市民回忆，年事已高的政府参议员爬上当时最高的钟楼，用望远镜观察着远处大海中航行的船只。这是一架功能卓越的望远镜，它所能观察到的光线，比我们肉眼所能看到的最弱光，还要弱一百倍。不借助望远镜的话，我们是无法观测到遥远的星空的。通过使用这种望远镜，离我们 50 千米以外的物质看起来，就像只有 5 千米那样近——这是伽利略自己说的。

一直以来，有一个问题始终萦绕在伽利略的脑海中，才让他对这样的新发明如此狂热。两千多年前，毕达哥拉斯和欧多克斯曾经告诉过后人，在整个宇宙中，地球并不是一个静止的个体，而是永不停止地绕着一根轴在自转，它自转的周期是 24 小时。我们所经历的昼夜交替，也正是地球自转造成的。萨摩斯岛的阿里斯塔克斯进一步补充了这个理论，他解释道：地球除了在不停自转，还绕着太阳不停地公转，其公转周期是一年。我们所经历的四季交替，正是由地球公转造成的。阿里斯塔克斯可以称得上是希腊最伟大的一位天文学家。

然而这些理论并没有得到太多的支持。亚里士多德就坚决反对，因为他认为，地球是宇宙的中心，是稳定而静止的。后来，托勒密对这个说法进行了科学的解释：地球在宇宙中的运行轨道是稳定的。宇宙中的某些行星围绕地球作着圆周运动，而这些行星作为一个运动中的中心，又被另外的一些行星包围着在作圆周运动。这种地心论学说得到了当时教会的大力支持。在教会看来，人的生死轮回就是一场伟大的剧作，地球则是它的舞台。这场伟大剧作的参演者之一，正是伟大上帝的子嗣，因此地球如果并非宇宙的中心，显然是非常不合理的。除了鼓吹这些虚无主义，很难想象教会还能干点别的什么！

可是，这种学说在教会中也没有能得到一致的认可，奥瑞思穆的教主，还有库萨的卡迪那尔·尼古拉斯也表示了对这个学说的不满。尼古拉斯在1440年的时候表示：我一直认为，地球不是停在一个地方固定的，它和其他星球没有什么不同，都同样地在转动，并且地球自转周期正好是一昼夜。

久而久之，教会彻底被那些持有这种观点的人激怒了。1600年，哥尔达诺·布鲁诺被判火刑，在火刑柱上被活活烧死。他留下了这么一段话：我一直认为，慈祥的上帝除了应该制造一个漫无边际的世界，还应该制造一个或者更多的世界，但他却仅仅制造了这一个，好像并没有对称。所以，我说过，还会有更多个跟地球一样的奇特星球存在。就像毕达哥拉斯坚信的那样，除了地球这颗星球之外，宇宙中还有月球、行星，以及更多数不胜数的恒星存在，世界就是由它们所组成的。

但是，对那些怀着传统理论的人，波兰的哥白尼给予了最沉重的打击。他既不是神学家，也不是哲学家，而是天文学家。哥白尼的巨著《天体运行论》中记载，托勒密的本轮结构和运行轨道根本就没有必要去划分。在太空之中，行星的运行轨道和地球，以及其他的星球一样，都是围绕着太阳，作固定不变的周期性运动的。如今，《天体运行论》已经出版了超过六十年之久，但关于这些理论的争论依旧激烈，真理到底如何依旧没有定论。

那时，伽利略已经发现，他创造的这种新型望远镜可以作为一种研究天文学的工具。就在他用望远镜看向银河的时候，很多与原来银河组成相关的神话传说都没有说服力了。从望远镜中可以看到，银河只不过就是一些光线微弱的光点，看上去就像是散在黑色物质上的金光闪闪的沙粒。借助望远镜还能看见，月亮上存在着山脉的影子。这些发现证实了布鲁诺的言论：月亮就是跟地球相似的世界。古老的说法认为宇宙的中心是地球，而新的学说则认为，地球也是群星中的一颗，也同样围绕太阳转动，就像飞蛾绕着烛火飞行一样。可以试想一下，假如通过望远镜就可以证明，这两种学说到底哪种正确，那到底会出现什么状况呢？

而后，伽利略又利用望远镜发现了木星，并且还观察到，有四颗不知名的小星体围绕着一大群行星在转动，看起来就像飞蛾围绕烛火飞一样。其实，这些正是哥白尼想象中的太阳系。伽利略的所见进一步证实了，这样成体系的运行并不仅仅存在于宇宙的表面。令人感到奇怪的是，伽利略并没有从中发现它所蕴含的重大意义，只是基于表面观察而断定了，宇宙中还有四颗行星存在，它们一面围绕着木星旋转，一边围绕自己的轴旋转。

九个月之后，他又发现了金星这颗新的行星，一切疑惑这才迎刃而解。金星本身就能发光，这使得它看上去像被一个光环环绕着。如果像托勒密的本轮运转所说的那样，金星本身不发光，那么它绝不会产生大半个表面不发光的现象。另外，哥白尼认为，金星和水星也应该和月亮一样，有自己的相貌。它们发光的表面变换的过程，也是从新月到半月，再到满月，然后再从满月到新月，相互循环转换的过程。如果金星不发生这样的变化，就正好和哥白尼的观点背道而驰了。

伽利略利用望远镜看到的一切，也正好和哥白尼之前说的金星变化转换的全过程相吻合。因此，用伽利略的话说，他得到的结论是可信度最高的，并且他本身的

伽利略发明的望远镜

感知也可以作为凭证。他的学说阐述了，所有的行星，包括金星和水星，都要围绕着太阳旋转。这一理论一直受到毕达哥拉斯派、哥白尼派和开普勒派这三派的坚决拥护。但在金星和木星没有被发现之前，这一理论一直只是凭借感觉而存在，还没有有力的证据来证明。

伽利略的发现彻底颠覆了两千年前亚里士多德和托勒密这些人的观点，证实了他们的彻底错误。长久以来，人类一直以一种高傲的态度，想象自己在宇宙中的位置，以此作为精神安慰的食粮。因此，当科学界不断地发现真理的时候，人类一直是回避拒绝的态度。正是这股不可阻挡的科学力量，将人类从固步自封的自大中推出来，强迫人类真正地认识到，自己只不过就是宇宙中一颗细微的尘土，并且还要调整好自己的人生观、价值观，去适应新的世界。

人类的这种思想不是一时半会儿就可以改变的。教会利用自己的权利，继续给人们灌输着错误的观念，让那些敢于认识到地球并不是主宰宇宙的中心的人们，走上了一条崎岖坎坷的歪路。为了这个，伽利略不得不背弃了自己的信念。直到18世纪以后，巴黎一所很有资历的大学，才敢教导学生说，地球绕太阳运行的说法是懒惰而不负责任的想法。观念新颖的哈佛大学和耶鲁大学则把哥白尼和托勒密的天文学理论结合在一起进行教导，就好像它们是看法一致的科学。然而，人类不可能永远被愚昧的错误所引导。当人们终于开始承认和学习上述科学的时候，伽利略在1610年1月7日这天夜晚的发现，又一次引发了人类历史上的思想革命。人类开始重新认识和了解本身的存在，并且学着用不同的眼光去对待任何的理想和愿望。

这样的现象已经多次地出现过了，因此有些关于天文学方面的说法就可以很好地解释了。事实上，越是普通存在的事物，就越要通过增添其本身令人舒适度和愉快的程度，或者通过减轻其使人痛苦的程度来表达自己的意义。但是，天文学能给我们带来什么样的好处呢？相对于那些离我们十万八千里那样遥远的行星，我们还不能知道它们对人类的影响，天文学家们为什么要夜以继日、呕心沥血地钻研它们的构造、轨迹和变化过程呢？我们的结论就是，至少有很多人像伽利略一样，开始展开了自己的想象思维，想要去探索未知的世界。

其实，近代的天文学，正始于人们想要认识生命和宇宙之间的关系，以及人类历史的发展开端、意义和命运。大约公元12世纪以前，圣彼得在其诗歌中，将生命比喻成了鸟儿的飞行。他是这样描述的：鸟儿穿过了环境舒适的大厅，大厅内，所有人们都在进行着祭祀礼仪，大厅外，寒冬中的狂风暴雪在肆意怒吼。

其中有一段话是这样的：

"当可怜的小鸟刚刚才躲避了一个寒冬的暴风雪，另外一个冬天立刻又开始了。然而，人的生命就像花朵的瞬间开放一般，花开之前和花开之后到底是什么样子，我们根本就不知道。所以，当一种新的论据可以让我们论证某种现象的时候，我们应该顺理成章地相信它。

刚开始，为了支持人们所信仰的基督教的思想，早期天文学家才开始对天文学产生兴趣。人类希望在生命中仅有的光明与黑暗之间，能进一步探索现在和未来。他们希望探索到宇宙在人类产生以前是什么样子的。甚至是，一个人如果再次来到这个宇宙是什么样子的。哪怕是对那些未曾想过要到达的土地，也一样希望能越过重重山峦的阻挠，去看看未知的开阔视野。这种欲望，并不仅仅只是因为人类天性好奇所致，还是因为，人类在思想深处就有着这样的兴趣。人类在了解本身存在之前，要先探索一下所赖以生存的太空。与此同时，人类还希望能探索宇宙中的时空，因为它们是相互依存的整体。

我们也非常清楚，目前科学无法就人类的生存与发展问题作出肯定的回答，但这并不意味着我们就不能去探索发现这些答案的方法。当然，科学研究当中，面临每个问题的时候，都不要绝对地回答说"是"或者"不是"。当我们能用确定的答案或者用正确的方式对某个问题作出答复的时候，我们差不多就具备了给予自己答案的能力了。科学每一次的进步，都是依靠一条、两条或更多无限接近于真理的真理，每条都会比前一条更精确，但永远不会绝对到达。

例如，地球是位于宇宙的什么位置这个问题，最近的答案是托勒密给出的：地球位于宇宙最中心的位置。然而，伽利略提出来一个与托勒密截然不同的答案，根据他通过自己的发明望远镜所观察到的事物。他的观点大概意思是，地球只是围绕太阳运转的无数行星中的一颗。19世纪天文学领域的说法还是围绕后者展开的，但是稍微有些不同，大意是说，宇宙中有无数颗恒星，它们与太阳性质类似，也有一群围绕着其运转的行星群。与太阳一样，它为这些行星群提供光能和热能，以维持其表面上存在的生命。20世纪天文学领域的看法已经接近现今了，认为19世纪的观点太过夸张。实际上也的确如此。19世纪的先人们的想法过于简单，生命是非常罕见、可贵的。

现在，让我们一起去看看20世纪天文学领域的观点吧。无可争议，那时的观点不是最终的真理，但它的确大大进步了。如果我们非要说出区别的话，至少它比19世纪的认识更加地接近真理。

但这并不意味着，19世纪的天文学家说的就比20世纪的天文学家说的更为错误。而是20世纪的天文学家能拿出来更多的证据作为反对的理由。在科学研究当中，靠猜测下定论的做法已经早就过时了，而真正的科学要尽量不用猜测做结论。一般情况下，科学讲究的是实实在在的事实，计算和推理也是要以事实为基础的，除了个别特殊的情况。

当然，将之前所说的一系列问题，当成是天文学领域所有内容的核心研究对象，不过都是在做无用功而已。天文学最起码得从三个点出发，即实用性、真实性和美学感受。

第一，与别的学科相同，天文学的探究也是以实际用途为目的的。如何计算时间，如何观察季节变迁，如何穿越荒凉的沙漠，如何渡过浩瀚的海洋，等等这些问题，天文学都为我们提供了答案。它还通过占星这种手段，告诉人类未来会是怎样的。

但它并无不良居心。现在的许多天文学家都在研究与人类没有关系的天体的运行状态，本书的重点章节中，具体阐述了人类对未来探索的渴求，以及对未来世界最终命运的预测。那些擅长占星术的人，他们最大的错误在于，过于重视人类和人类社会在宇宙中的位置了，以至于将人类的命运与宇宙万物的运行扯在了一起。所以，当科学稍微前进一步，人类开始认识到宇宙的中心并非渺小的个人时，占星术也就不复存在了。

现在，天文学的实用性不值得再拿出来强调了。轮船的航海航线，以及每天的时间，都是由国家天文中心提供的。目前天文学的研究中心已经转移到浩瀚的星空中去了，当然，这可比先人观测"星星"要兴趣浓厚得多。那些离我们看起来比较近的恒星，天文学家们也拿它们没有办法，因为距离实在太遥远。它的光束需要经过成百上千甚至百万年的时间，才能到达地球。

近年来，为了巩固自己在整个科学体系中的位置，一种新的科学热点话题在天文学界油然而生。如今，天文学的各个学科已经不再是分头作战了，而是联合起来，为了某个问题并肩作战，既能追踪到直径只有几亿分之一英寸①小的颗粒，也能发现直径有千亿英里②大的星云。天文学的研究成果可以为物理化学等其他学科提供帮助，反过来也是如此。如今，恒星不再被简单地被定义为发光的物体，而是被分门别类地进行研究。我们在实验室中研究其特性，得到了很多实验结果，当然，毕竟条件有限，我们的物理学家也可能会错失一些真相，例如，某些星云中存在着比地球上密度最小的物质的密度还要低100万倍的物体，而某些星云中存在的物质的密度则要高出地球上的物质100万倍。我们拿来做实验的物质，不过是星云成百上亿种物质中的一种或者几种，又怎能仅仅依靠这些发现，就证明物质的所有特性呢？

其二，天文学具有美学性。很多人迷恋天文学，仅仅只是因为它的美感。更多的人甚至只想了解更多未知的东西。人类天性如此，对任何事物都怀着强烈的好奇心。这门极其富有诗情画意的学科唤醒了很多人内心的浪漫主义情怀，使得本对科学不感兴趣的他们，开始踏足天文学的研究。他们极力想要挣脱凡尘俗世的枷锁，将目光驻足在更加庞大的空间中去，在看似漫长、实则稍纵即逝的生命中，获得一丝安慰。天文学为他们提供了做梦的空间，失去它，这类人将失去希望，无法存活。

接下来，我们还是回到天文学领域来吧。但在此之前，让我们先按照正确的观测比例，来检验一下他们的观测角度吧。

---

① 1英寸 =0.0254 米。

② 1英里 =1.6093 千米。

然后，我们将要揭秘的是地球是怎样从太阳中诞生的，以及在20多亿年前，地球是一副什么模样。事实上，在形成之初，地球是一个高温的"火球"，根本无法容忍任何生命。它刚开始形成的时候，我们无论如何也想象不到，以后它会变成一个稳定的，有生命存在的星球。并且，依附在它上面的山川河流，大洋大海以及动植物，都很好地存在着。

随着时间的推移，这个高温的"火球"渐渐地冷却下来了，变成了液体的形状，接下来又凝固成了塑胶状，最终发展成为稳定的固体形态。从远古那些形状不规则的山川的影子中，我们还依稀能看出地球塑胶形态时期的痕迹。与此同时，气体就成为地球的大气层，水蒸气逐渐凝结成液体，形成了江河湖海。渐渐地，地球开始形成了适合生命的条件。但究竟适合生命的条件是什么时候出现，又为什么会这样演变的，我们至今还没弄明白。

地球上生命诞生的最早时间，到现在还没能被确定，但至少不会很久，因为地球本身也才存在了20亿年。无论怎么说，3亿年前的地球上应该可能就有生命的存在。刚开始的时候，生命全是由水生植物组成，后来逐渐开始出现鱼类，再由鱼类进化成两栖动物，接下来又进化为哺乳动物，最后再进化成人类。有确切证据证明人类的存在是在大约30万年以前。这就说明，生命在地球上不过才存在了短短一段时间，人类就更不用说了。从另一个角度来说，也就是，人类的存在时间与宇宙相比，是微不足道的，至于人类的发展进化和不断繁衍，那就更不过是浩瀚的时空中的一声毫不起眼的滴答声了。

远古时期的人猿，也就是人类的祖先，和现代人之间大概隔了一万年之久，在地球上繁衍生息。最初的人猿虽已初具人形，但在生存习性上，更多地趋向于动物性。他们还不太会思考，只懂得打猎、捕鱼等初级劳动形式，而解决矛盾冲突的办法通常是武力。随着生产力的提高，人类的意识开始逐渐觉醒，文明开始产生了。他们开始认识到，生活不仅仅是穿衣吃饭那么简单，开始出现私有欲望。人类渐渐地感觉到身体的美好，关注于水中的倒影，并且尝试着用能被记录下来的文字来表达自己的感觉。他们渐渐地开始使用金属和药材以及了解水和火的作用，开始发现和思考天体的运行。对于那些能看明白天空中写着什么的人来说，昼夜交替和夜晚的群星，都暗示着地球外还存在着一个未知的世界。

渐渐地，天文学开始出现，随之又出现了其他的各种科学，以及关注于美的艺术。但是和人类的历史过程相比较，它们就像是刚刚出现的；而要是跟地球比时间长短的话，它们也就存在了弹指一挥间而已。

天文学在科学上来讲，跟单纯地看星星是不一样的，所以它的历史最多也不会长于三千年。阿里斯塔克斯、毕达哥拉斯以及一些别的天文学家得出一个结论：太阳是不动的，而地球则围绕着它旋转。这个结论得出来的时间不长，但它的重要性在于，从此人类开始用确凿的证据来研究宇宙了，而不再是凭借着固步自封的想象。伽利略在1610年将望远镜对准木星的那天晚上，是天文学史上非常重要的一天，虽然它已经过去三个世纪之久了。

当我们把估算出的数值用表格的方式记录下来的时候，才开始真正理解天文学的真正意义。

地球的存在时间	约20亿年（现为46亿年）
地球上有生命存在的时间	约3亿年（38亿年前）
地球上有人类存在的时间	约30万年（约70万年前）
天文学的存在时间	约3000年
开始出现望远镜的时间	约300年

（注：以上是20世纪初的观点，括号内是目前主流观点）

这个表格很直观地显示出，天文学的确是一门新兴的学科。从天文字最初出现算起，也不过是人类存在时间的百分之一，而与生命存在时间相比，更不过是它的十万分之一而已。地球上的生物，十万个当中，有99 999个是与地球之外的世界没有任何联系的物种。过去的天文学是人为地按照时间单位来估算的，按这种方法计算延续了一百多代。可能将来天文学会有自己的计量单位，也可能它会因为不可预知的原因夭折。地球已经存在了46亿年之久，它连带着生命、人类以及天文学一起，再存在数十亿年，也不是不可能的。其实我们可以找到更多的理由证明地球能够存在得更长久。但如果将来我们要改用天文学上的单位来计算地球的生命时间的话，会有一些麻烦，毕竟天文学还刚刚开始，而且它毕竟是一门只能无限接近真理的科学。就像一个刚刚出生的婴儿，我们没必要现在就去探讨他将来是否会成熟一样。但即使如此，他毕竟已经睁眼看世界了，总比之前浑浑噩噩一无所知要强很多。

所以我们学习天文学，从它那里懂得有关于宇宙的知识。但我们不能仅仅关注这一项单一学科，还要去学习像物理、化学、地理等其他学科，以及天文学的衍生学科，像天体学、天体进化学和天体理论学等等。这些学科都能帮助人们研究天文学。我们在单一学科当中得到的信息肯定是零散的，但我们能将这些零散的信息拼凑成一个整体。当有一天我们能把所有的信息都掌握之时，我们肯定能得到一个完整的信息。但是现在来说，信息还不够多，想要得到一个全局的概念还不太可能。不过至少我们可以把已知的信息都保存下来，找到它们之间的联系。等到将来更多的信息都到齐了之后，也许我们就能找到想要的答案了。

目录
CONTENTS
浩瀚的宇宙

目录 CONTENTS

浩瀚的宇宙

第一章
对太空的探索

对恒星有所研究的第二个里程碑是赫歇尔两父子——父亲：老威廉·赫歇尔（1738-1822）及儿子：小约翰·赫歇尔（1792-1871）。这父子俩确定银河系的方式与伽利略的如出一辙，都是经过观测恒星而确立的。

人类在探索天空的过程中，有三个里程碑式的行为：探索太阳系、银河系的构成以及恒星之间的距离。在本书中，我们将继续探索恒星的质量、光亮程度和运行速度，以及宇宙的构成和发展。

地球上的人类在存在了几十万年之久后，才在距今约三百年前，即大约是存在时间的千分之一的时候，发明了探索外太空的光学工具。从此以后，人类开始用全新的眼光审视宇宙空间。本章所介绍的内容也是按照时间先后来进行的。自从有了望远镜，我们能观测到的空间范围又前进了一步。

太阳系

太阳系是我们探索宇宙的开始，也可以认为是我们的第一个里程碑。人类正是从一步步地揭开太阳系的结构之谜后，探索更遥远的宇宙。

在太阳系，行星可以分成两个不同组别。一组是离太阳较近的小行星组，它们分别是：水星、金星、地球和火星，它们的体积都很小；另一组是离太阳

图 1 太阳系

较远的大行星组：土星、木星、天王星和海王星，与上一组相反的是，它们体积都很大。

在太阳系，离太阳最近的行星是水星，金星次之，接着是地球，它处于这两颗行星的轨道之外。如同我们在地球上所见的那样，在天空上总有两颗星与太阳形影不离，其实它们都是金星，这是由于这颗行星围绕太阳旋转的轨道周长没有地球的大，所以它一天会出现两次，一次在凌晨，另一次在傍晚。由于古代人并不能时常见到这一现象，所以，不同时间段出现星星也有着不同的名字。总是在天亮时分出现的金星被叫做"启明星"；当金星在傍晚时分出现时，被称为"长庚星"。

之后就是火星了，它在地球的轨道之外运行，是小行星组最外围的一颗行星。这三颗行星——火星、水星、金星都比地球小，金星并不比地球小太多。

小行星组最外围的火星和大行星组最里面的木星，在两颗行星的轨道间还有非常宽的空间。当然，这个空间并不是空无一物，这里面运行着无数颗小行星，这些小行星没有一颗比地球大。谷神星是里面最大的，它的直径约有 480 英里①，而直径大于 100 英里的似乎只有 4 颗。在古代，人们只认识水星、金星和火星，而这些小行星却是在 19 世纪才被天文学家发现的。谷神星是第一颗进入人们视

---

① 1 英里 =1.6093 千米。

线的小行星，在 1810 年 1 月 1 日被皮亚齐所发现。

　　小行星组外围的是大行星组，一共有 4 颗，即木星、土星、天王星和海王星，它们的体积要比地球大很多。最大的是木星，根据桑普森的计算，它的直径足有 88640 英里，换言之，即地球直径的 11 倍，即便是把 1400 个地球全部塞进木星里，空间仍然绰绰有余。比木星略小一些的土星，体积排第二位，直径在 7 万英里左右。时至今日，这两颗行星仍然是行星里的巨无霸，就算把剩下的所有行星全部揉成一个球，也只有土星的 $\frac{1}{5}$。如果把这些行星和土星加在一起，也只是比木星的一半大一点而已。

　　在太阳系的最外围，是天王星和海王星。它们的体积虽然没有木星和土星大，但是无论它们中哪一颗都比地球的 4 倍还要大。由于木星和土星的体积在太空中非常显眼，所以人们很早就发现它们了。体积与之无法相提并论的天王星和海王星，则是在最近才被人们发现。

　　1781 年，天王星在非常凑巧的情况下被威廉·赫歇尔发现了。当时他正拿着天文望远镜向天空扫视，希望能找到一些有意思的星球，于是，天王星就这样轻而易举地被发现了，而海王星的发现则与之截然相反。1840 年，穷思苦索的科学家通过精密的计算终于发现了海王星。这在当时的世界，无异于扔了一颗深水炸弹，人们普遍认为这是自牛顿时代以来最重大的发现。这一智慧的成果，有两个人功不可没：一个是英国剑桥大学的天文学教授——约翰·亚当斯；另一个是法国天文学家勒维耶。他们坚信一定有一颗未知的行星在影响着天王星的运行。为了证明自己的设想，他们两人开始着手计算这颗外部行星的运行轨道。虽然两人的计算方式有些偏颇，但是两人最后还是将这颗行星的运行轨道计算了出来，并且可以非常准确地找到这颗预料之中的行星的运行轨迹。

　　第一个完成本次测算的是亚当斯，他在确定其位置后，第一时间通知了剑桥的观察家们，告诉他们新行星应该存在于天空中的哪一部分。当剑桥的观察家们正在求证这一轨道时，勒维耶也完成了本次测算，并将本次测算结果告诉了他在柏林的助手加尔。由于当时柏林装备探索那部分天空的星盘比剑桥的更加先进，所以加尔当天就找到了这颗新行星。

早在 1772 年，太阳与各个行星间的距离，就被约翰·波得（Johann Bode）用数字的形式表现出来了。为了使大家更能直观地了解，现将各个数字列出来：0、1、2、4、8、16、32、64、128。从第二个数字开始算起，后一个数是前一个数的倍数；然后再将每个数乘以 3，从而可以得到：0、3、6、12、24、48、96、192、384；最后每个数都加 4，从而得到：4、7、10、16、28、52、100、196、388。这组数字非常接近地反映了太阳到各行星间的真实距离比例（太阳到地球的距离为 10）。这些行星的距离由近及远依次是：水星 3.9、金星 7.2、地球 10、火星 15.2、小行星 26.5、木星 52.0、土星 95.4、天王星 191.9、海王星 300.7。

早在小行星、天王星或者是海王星被发现以前，这个结论就已经被人们所熟知，所以我们的关注重点应该放在另一个方向：当我们能够看见天王星和其他小行星时，它们竟然非常精确地出现在我们之前所预测的位置上。可是，海王星却又另当别论，该结论对它并不适用，同时，水星也不符合这一定律，这是因为，这组数字（0、1、2、4、8、…）是以人们的主观思想为开始的。如果换一种计数方式，结果也定然不同，正确的数字系列应为：$\frac{1}{2}$、1、2、4、8、…每个数都是前一个数的 2 倍，如此一来，水星的距离便是 5.5，而真实距离仅为 3.9。

约翰·波得定律到目前为止，人们仍然无法做出具体解释。或许它本身就不存在什么合理的解释，仅仅只是种巧合而已。

在太阳系，最外围的行星离太阳的距离非常遥远。海王星到太阳的距离是地球距太阳的 30 倍，假设海王星上有人类生存的话，那么，他们所享受到的阳光和热量仅仅只有地球居民的百分之九。

如果太阳是海王星唯一的热源，那么可想而知海王星表面的气温会有多么寒冷，通过计算，其气温大概在零下 200℃（海王星云顶的温度 −218℃，译者注），如果不排除它的内部有热源的话，海王星表面的温度或许会高一些。近年来，科学家们依照木星对地球放射的微弱热量进行计算，从而得出木星表面的温度为零下 151℃，这与太阳放射给它的热量相差无几。与之相应的，我们也对天王星和土星的表面温度做了一样的测量，它们的温度依次是零下170℃、零下150℃，假如排除太阳照射所给予的热量，或许这两颗星球的温度会比我们设想的要高。由于大行星的体积很大，而内部热源又太小，所以无一例外，它们的表面都非常寒冷。由于所有的水分都凝结成冰，所以也就无法形成江河湖海，大气层中也不会存在水蒸气和雨水。据推测，将木星笼罩住的星云中或许存在着颗粒状的二氧化碳，以及沸点比水的冰点还要低的未知气体。

小行星的物理属性与地球非常接近。在四个小行星组里，只有火星的温度比地球低一些。在地球上，一天的时长是24小时，而火星1天的时长则为24小时37分，因此火星表面也有着昼夜交替，与地球一样，火星上的白天比较温暖，而黑夜则相对寒冷。在火星的赤道附近，当中午来临时，那儿的气温甚至能升到冰点以上，能达到10℃，或许更高。但同样也是这个地区，能在日落后短短的数十分钟内，将温度下降到冰点以下，到了次日，该地区的气温会比前一天还要寒冷。由此可知，火星的两极当然也更加寒冷。那些位于极圈内的山，雪线以上部分会有霜降，温度大概在零下70℃至零下88℃。

由于水星离太阳最近，所以它的平均气温也必然要比地球的高。但由于它昼夜交替的时间相当于地球的几个礼拜，所以水星的昼夜温差特别大，白天酷热难耐，夜晚极其寒冷，夜间温度时常在零下13℃至零下25℃之间游离。在水星，任何一个地方都要经历长达几个礼拜的酷热或者几个礼拜严寒，轮流交替，从不停歇。

金星离太阳的距离虽然没有水星近，但是比地球要更近一些，所以它的平均温度也比地球的要高很多。与月亮只用一面朝向地球一样，金星也总是用一面朝向太阳，因此，朝阳的一面肯定非常热，背阴的一面肯定非常冷。尼科尔森和拜提特曾经对金星朝阳那一面的温度进行过测算，大概在350℃至462℃之间（现数据为465℃～485℃，译者注），这样的温度足可以将铅融化。由于金星的另一面永远在黑暗里，所以我们无法进行测算，但是可以设想这没有阳光的半球上，温度一定是极其寒冷的，严寒程度或许都超乎我们的想象。

伽利略自从发现木星有4颗卫星后，立刻就发现除了轨道在地球以内的水星和金星外，其他行星无一例外都有自己的卫星。1655 年，惠更斯对土卫六进行了观测，这颗星星是土星最大的一颗卫星。此后的 1684 年，土星的另外 4 颗卫星又被盖斯尼发现。又过了 100 多年时间，即 1787 年，天王星的两颗卫星被威廉·赫歇尔所发现。接下来的内容，我们将对所有行星的卫星群组及太阳系里那些小星体——彗星、流星和陨星，以及它们的产生进行探讨。

银河系

研究恒星的第二个里程碑是赫歇尔父子俩——父亲：老威廉·赫歇尔（1738-1822）及儿子：小约翰·赫歇尔（1792-1871）创造的。这两父子确定银河系的方式与伽利略如出一辙，都是经过观测恒星而确立的。银河系的范围仅限于银河，这当中就囊括了太阳系。

在晴朗无月的夜晚，我们就会看见银河，如同一座闪着微光的拱桥，横架在地平线两端。由于地球被银河系所围绕，所以看起来就如同一个光圈。天空被它一分为二，构成一个天（球）赤道。天文学家正是根据这条赤道，对天空中的经度和纬度进行测量的。银河系是由一群昏暗的星球组成的，这一点可以通过伽利略的望远镜进行验证。因为每一颗星体都不太明亮，所以，没有望远镜的辅助是不能逐个看清的。如何解释这条不明亮的星带，是考验一个天文学家的基本素养，这早已是天文学界的共识。

假设所有恒星全都均匀地分散在天空上的话，那么我们不管从任何方向仰望天空，都能见到一颗恒星，那时的天空将会明亮得让人疯狂。只有当恒星运行一段距离后，又或者是被遮盖住失去了光芒，这样的情况就不会发生了。可即便如此，我们抬头仰望的时候就会发现，无论从什么方向看天空全都是一模一样的，因为我们无法确认天空中哪些星星应该更亮，哪些星星应该更暗。因此，银河系的存在就足以说明，任何星系都是不均匀且无限延伸的。它必然有着自己的规律或框架。而等待威廉·赫歇尔的，正是如何解开这个结构之谜。在他完成了对北半天空进行观测之后，他的儿子约翰·赫歇尔观测了南半天空。

若我们将宇宙中的所有恒星全都假设成本质一样的天体，那我们也就可以理解威廉·赫歇尔所使用的方法了。所有星星发出的光，亮度都是一样的，离得越近的星就越亮，离得越远就越暗，只是距离在起着作用，因此"距离越远，亮度越低"的原理已经成为常识。而这就是"距离平方反比定律"。如果想要知道两颗星之间的距离，那我们可以这样计算：假设 A 星的距离比 B 星的远 1 倍，那么其可见度是 B 星的 $\frac{1}{4}$，现在我们就可以参考这两颗星的实际亮度进行计算了。根据各个行星的距离比例，我们将铁丝折断成节，然后将它们全都指向自己所代表的那颗星，那么我们就可以做出一个恒星模型。当恒星的距离在脑中形成轮廓时，我们接下来就应该去了解整个星系是如何组成的问题了。若想找出更多昏暗的恒星，那我们就要多准备一些长铁丝。我们用铁丝做出来的星系模型，最后会变成一个车轮样的结构，在这个车轮里，每根铁丝都指向不同的方向。

可是等待威廉·赫歇尔先生的问题非常棘手：因为他知道恒星本身的亮度正如同它们间的距离一样各不相同。各个恒星的亮度各不相同，正是这两种原因共同导致的。而作为一个天文学家（这包括赫歇尔和现代的天文学家），最考验个人能力的正是如何分辨这两种原因。

赫歇尔发现，观测不同区域的天空，呈现在望远镜视野中的恒星数量也不尽相同。当然，如果把望远镜向银河系看去时，能看见的恒星数量是最多的，当镜头从银河系偏离出去的时候，能看见的恒星数量会变得很少。通常情况下，若两个望远镜与银河系的距离相等时，那么这两个望远镜所观测到的恒星数量基本是一样的。用天文学术语来讲，星系的纬度决定着天空中恒星的数量，这与地球上纬度决定温度的道理相似，而经度则与这方面并无多大关联。

在银河系，星场的方向不同，恒星的数量和质量也各不相同。在任何星群中，亮度最高的恒星属性几乎一致，属性不同的是那些昏暗的恒星，而且占恒星的大多数，越暗的星，越靠近银河，数量就越多。

对于这个结论，威廉·赫歇尔先生给出了他的解释。他在望远镜能看到的范围之内，太阳周围的恒星数量正在逐渐变少，而离银河越远的地方，恒星数量也就最少。他将银河系的形状比喻成一个面包圈，或者是一块椭圆形饼干，或一块表，越是中央区域，恒星越密集，越是外围越稀疏。这个平面的中央部分正是由银河的表面构成。似乎整个宇宙都被银河切割成两个完全相等的部分，这个结果使他想到太阳也必然离晕轮不远。近年来的希尔斯、范·利金以及另一些学者，通过仔细观测，验证了这一情况属实。根据银河系两边同等距离的天空明亮度一致这一定律，赫歇尔推测太阳位于银河系的中心平面，且与该平面的中心非常接近。这一观点是近年来才逐渐兴起的，但根据沙普利和希尔斯两人的研究结果，这一结论是毫无根据的。

1922 年，卡普坦绘制出了更加精密的恒星分布图。有了这张分布图，整个天空的轮廓一目了然。根据上文所述，越亮的恒星距离就越近，正因为它们彼此的距离非常短，从而导致我们在观测这段距离内的恒星时，感觉非常稀疏。由此可见，各个方位的恒星数量是相差无几的。由于那些看起来不怎么明亮的星多数都离我们非常遥远，所以在银河系的各个方位，所有星系都是纵横交错在一起的，恒星"们"一圈绕一圈，反复围绕在一起，一圈圈无限扩大，几乎望不到边，这使得昏暗的恒星看上去非常密集，而这就是我们所知道的银河。

世人之所以认同哥白尼的太阳中心论，很大原因得益于伽利略的木星体系论。由于木星在太空中的独特位置，使得地球上观测者可以完整地俯视到它的整体轮廓。而太阳系则全然不同，在地球上找不到可以俯视它全貌的位置，我们只能从它的内部结构开始观察，若想证明它的存在，只有站在太阳系外才能实现。

威廉·赫歇尔认为，若想要得到俯视银河系的星象图，就必然要在银河系之外的类似星系方能实现，从而再来验证自己关于银河系结构的推理。他将这些类似星系称为"宇宙岛"，并且认为星云就是"宇宙岛"。星云看上去非常朦胧，也很不清晰，若想分辨出单个的恒星是难以实现的；但他并不放弃，他认为望远镜的倍数一定要足够大，这才能够看见，就如同伽利略可以观测到银河系中单个的恒星那样。根据这些天体的方位，我们称之为"河外星云"，但是，如果我们根据它的体积来称呼的话，"大行星"似乎更适合它，也更简单、更易记。

图 2 行星状星云

星 云

通过望远镜，我们所看见的行星，就如同一个圆盘一样。当我们将望远镜的目镜倍数调到 60 倍时，我们所能看到的木星就如同月球一般大小了。可即便我们将目镜的倍数扩大到 60 倍，甚至更大倍数，仍然无法将恒星调节成月球那么大。目前我们所拥有的任何倍数望远镜，都只能让某颗星看起来像是一个光点。当然，这些恒星肯定要比木星大好几倍，可它们的距离实在太远了，是距离导致它们显得非常小。

当然，很多天体所显示的并非一个光点那么大，通过望远镜还是能发现它们的，但由于它们时常处于昏暗模糊的状态，所以它们被统称为"星云"。通过更加仔细的观察，我们可以将它们分为以下三类。

行星状星云

"行星状星云"是第一类的统称。之所以称之为"行星状星云"，主要是因为可以从望远镜看见它们的形状如同行星那样，显示成圆盘状，此外，没有任何性质跟行星的性质是相似的。截止到现在，仅发现几百个这样的天体，而银河系当中就有 4 个典型的天体，它们极有可能被发光的大气层所围绕。假如这个结论成立的话，那我们之前所说"任何恒星在望远镜中看起来都只是个光点"的结论就会被推翻。我们只能说，行星状星云是个特例。

银河系中的星云

我们把第二类统称为银河星云。这类星云没有规则的形状，看上去就像是一颗星球向另一颗星球喷出的巨大火光，这些火光就像舌头一样。实际上这些星云就是这样的。和行星状星云一样，这些银河星云也都在银河系中，你朝着天空望去，也会发现它们中的几颗星星。用望远镜所看见的星云一般都巨大无垠，因此在一片星云中，是可能包含着某一个完整星座的。

这些星云的物理结构，是可以确定下来的。恒星之间不完全是空的，而是布满了一层稀薄的气云。当然这些气云具体是什么，现在我们还无法得出答案。我们只是发现这些气云有的时候比较浓，而有的时候又被某一恒星的光亮照亮，甚至白热化。或者，这些气云又会变得根本不透光，这个时候天空就像是被一块黑色幕布遮盖住。这样一来，不同的浓密度、不透光度以及发光度结合在一起，就让我们欣赏到各种奇形怪状的光和影的景象了。

不透光度也造成恒星的组合中会出现一些阴影。这些阴影起初就像是我们常说的"黑洞"，或者人们常说的"煤袋子"。其实它们根本不是真正的洞，因为我们很难解释，怎么会有这么多的空间路径，穿过星星指向地球，因此对其现在就把它们看做是不知名的物质一起组成的纱幕，这些纱幕挡住了星光，所以才显得暗淡无光。

银河系外的星云

现在说的河外星云就是第三类星云。这类星云的本质就和前面所说的截然不同。这些星云中大部分都有很固定并且规则的形状，并且它们所表现的特征也很容易辨别。因为这些星云具有发光的性质，科学家曾经将其命名为"白色

星云"。再往后，罗斯用6英尺的望远镜进行观察，发现它们中很多都是螺旋结构，所以又把这些星云叫"螺旋星系"。它们中最具代表性的就是仙女座的"大星云"，这个星云也是目前仅有的可以用肉眼直接观察到的星云。在1612年，马利乌斯用望远镜观察，将这种方法说成是"在鹿角中观看烛光"。他进一步证实了这些星云有着相似的结构。从另一个角度观测这个发现，发现它好像是立起来的。

根据科学观察，到目前为止，这类星云都是在银河系以外的。所以我们把它们称为"河外星云"。这些星云当然都非常巨大。

恒星间的距离

1838年的观测对我们来说意义非凡，在这一年里，我们第一次对恒星的距离进行了测量。

公元2世纪的时候，天文学家托勒密就曾经提出质疑：假如地球在空中转动，那么与地球相同的周围的星球就会不断改变位置。因为地球是围绕着太阳公转的，因此地球上的人类就像是小孩子打秋千那样。因为打秋千的时候，坐在上面的小孩子是以远山和白云作为参照物，因此看周围树木和房子，都会感觉在摇晃，如此一来，即便是以远处的星星为背景，看附近星星的位置也一定是在不停变化。但是经过长时间的观察，托勒密也没有发现哪一个星座的位置发生了变化。因此他这样认为，每颗星都固定围绕某个位置转动。最显著的例子就是大熊星座的七星和昴星团，以及猎户星座都没有发生变化。举个简单的例子，就像是一幅油画，星星是油画布景上的一个闪光点，现在把地球当做是不动的中心轴，那么整个结构图都是围绕它在转动。

然而与这个想法恰恰相反的是哥白尼提出的学说。哥白尼认为，因为地球年复一年在围绕太阳转动，那么附近的星球也应该是围绕远处的星在移动。可是在过去的几个世纪中，并没有观察到这种现象。因为如果不是有各种证据证明，即使我们说的最近的星，也都是非常非常远的。它们不会运动我们并不觉得奇怪，否则托勒密认为的地球是宇宙的中心这种说法就又会成立。这就像是如果在秋千上的孩子看到的最近的物体的距离都是 20 英里之外，那么这些小孩就不足以证实这些物质是不是在运动了。

星星在最亮的时候，也没多少可以与土星进行比较的。土星的亮度，和太空中发现的第 11 个最亮的星星——也就是牵牛星差不多。即便是这样，土星也只是反射太阳的光，它离太阳很远很远，反射的也都仅仅是太阳光的一百亿分之一。假如开普勒定理和其他人的说法都成立的话，说牵牛星和太阳基本相同，牵牛星的发光强度有可能是和太阳一样的话，那么牵牛星射出的光可能就是土星的 100 亿倍。也就是说把牵牛星放在土星的位置的话，它就会比土星亮 100 亿倍。可实际上却是牵牛星之所以和土星看上去差不多，这也只能反映出牵牛星比土星远 10 万倍。这样的说法和牛顿描述的一致。在《世界体系》一书中，牛顿就提到"就算是最亮的星，比如牵牛星，也一定是存在于相当遥远的距离之外"。

现在，这样的说法得到了有力的证明。当所有试图寻找由地球的轨道运转引发的恒星摇摆运动的努力都宣告失败的时候，在 1838 年这一年里，贝塞尔、汉德森以及斯特鲁维这三位著名的天文学家几乎在同一时间计算出了三颗星的视差动。这三颗星就是天鹅座 61 号，α 半人马座和 α 天琴座。参照这三颗星的视差动的总量，就可以计算出它们的远近距离。如此一来，人类不仅有了从视觉上看的证据，说明这些星星是围绕着太阳转动的，并且这种转动的结构是可以算出比较近的恒星的距离的。以现在的科技水平来看的话，当然这些数据是不精确的，还需要进一步确定，但是这样足以揭示出第一个关于宇宙结构比例的一个估计值。

现在我们来想象一下这样的比例是如何构成的。首先，我们在地球表面上选一条有几英里长的底线，量出它的标准尺寸。然后由这条线出发，在地球外表按大地线描绘出一条南北方向的狭长带，用天文学方法，例如在两地用观察北极星的高度差来测量两地的纬度差。现在根据已知地球的狭长带的英里数，那么我们就可以算出地球的大小。根据 1909 年海佛德的计算，地球的赤道半径是 6 378 388 千米或者是 396 334 英里，极半径是 6 356 909 千米或者是

394 999 英里。

得出地球的体积之后，接下来我们按照地球的体积测量太阳系的大小。每次出现月食的时候，在地球表面上不同的位置，观察月球开始遮挡太阳时，各地的时间是有差异的，这样的时间差让我们可以按照地球表面各个位置，推算出月球的距离。同样的道理，我们也可以通过金星穿过日面来推算，按照地球尺寸测量太阳系的比例。小行星爱神星给这样的推算提供了可能。1911 年的巴黎天文学大会上，确定地球近日点距离太阳平均距离的最接近值是 14 945 万千米或者是 9 287 万英里。下一步也就是最后一步，是在 1838 年结束的，那就是把地球轨道的直径作为基线，来测定恒星的远近距离。

首先，要算出从标准码到地球表面的基线，这个长度增加了好几千倍。接着，从基线到地球直径的长度也增长了几千倍。然后，从地球的直径到地球的运转轨道，又增加了几千倍。但恰恰是最后一步，从地球轨道到星体的距离，增加了 100 万倍。

目前的最新测量显示出，与地球距离最近的恒星要比与之最近的行星远 100 万倍以上。金星是离地球最近的行星，两者相距 2 600 万英里。而离地球最近的恒星是比邻星，两者相距 250 000 亿英里。比邻星是大家都非常熟悉的，宇宙南部最亮的恒星——α 半人马座最要好的朋友。最近位置上的行星和横向之间的距离如下。

行星、恒星与地球的距离

行星		恒星		
名称	距离（英里）	名称	距离（英里）	距离（光年）
金星	26 000 000	比邻星	250 000 亿	4.27
		半人马座		4.31
火星	35 000 000	慕尼黑 15040	360 000 亿	6.06
水星	47 000 000	狼 359	470 000 亿	8.07
		苏格兰 21185	490 000 亿	8.33
		天狼星	510 000 亿	8.65

我们很难描述"100万倍"是怎样的概念，就像是说恒星比行星远100万倍，也只是把太阳系和其太空最近的邻居中间隔着茫茫的宇宙空间忽略一样，这样的说法同样很模糊。也许，恒星相对很明显的稳定性给我们的印象最深。

地球围绕着太阳年复一年地转动，时速达每秒钟18.5英里，这样的速度大概相当于一辆快速列车的1200倍。而太阳通过其他恒星的速度，大约是一辆快速列车的800倍。广义上说，比较近的行星和大多数的恒星的运转速度很相似。如果我们假定，宇宙中的星球的运行速度都一样的话，我们就可以这样认为，它们的运行速度是由彼此间的距离来决定的，那也就是速度越慢的，距离也就越远；反之，速度越快的，距离也就越近。现在行星在天空中运行的速度这么快，这就使得我们时时刻刻观测到它们的行动踪迹。而恒星运行得这样慢，就得依靠望远镜的帮助了。如果没有望远镜，那么我们世世代代都不能观察到它们的运行。恒星在特定历史时间内的发展是非常不稳定的，即使是那些距离最近的，变化最大。行星和恒星的变化显著不同，前者时刻变化着，而后者看起来就像是毫无变化。这样一想，我们才发现恒星和行星比起来，中间得有多远啊！

如此一来，我们想描述恒星的距离是多么难啊。就算是它们中最近的其距离也有25万亿英里，我们的概念也很抽象。换一种说法来解释的话，这个距离是4.27光年，哪怕是光以每秒18.6万英里的速度前行，也需要4.27年才能到达。

光的传播速度和无线电的一样，都是声速的100万倍，并且都受到电波的阻碍。而声波和电波传播速度的不同是可以通过广播表现出来的。就是当播音员在伦敦播音时，他发出的声音从嘴巴到麦克风作为声波走3英尺的距离所花的时间，要比柏林或者米兰的电波走560英里距离花的时间还长。

澳大利亚的无线电收听者从广播中听一场音乐会，比现场坐在最后排的观众还早听到，因为音乐开始 $\frac{1}{5}$ 秒之后，坐在后排的观众才会感受到。无线电波和光一样，需要4.27年才会到达最近的恒星，因此比邻星上的人们想听到地球上的音乐会要晚四年零三个多月的时间。再考虑更加遥远的恒星。这些恒星距离如此之远，它们在地球上出现音乐之前，金字塔建成之前甚至是人类还没出现之前就已经出现了，到现在为止，文明都还没能传播到那些遥远的恒星上。

照相技术的广泛运用

如果我们再拿一个意义非凡的事件来谈的话，那么很可能就提到19世纪以来广泛运用的照相技术。自从望远镜问世，它比任何事物都更能探索到天文学方面的知识。到目前为止，望远镜在聚集和折射空中的光之后，可以通过人们的瞳孔，把聚集在一起的光线折射到视网膜上。未来科技的发展，可以允许光线折射到更加灵敏的底片上。人眼所观察到的影像停留时间短暂，而摄影板却可以让影像延长几个小时甚至是几天以上，并且可以长期保存下来。眼睛要测量天体之间的距离，必须依靠一些先进的机器，照相技术却可以自动测量距离。而眼睛往往会受到人的主观思想、个人情绪或者是个人意愿的影响，很有可能出错，而照相机却不会出现这样的失误。

星　群

抬头看天空，或者是看一张天空的照片，我们就可以发现，只有银河系和它周围较暗的星星相聚紧密，其他的星星都是分散在空中的。不管这些星星是明亮或是不明亮，它们如果都从天空这个大瓶子中随意掉下的话，那么差别其实不大。

往往事实却又不是这样。我们时常会在不同的地方看到一些集中的星星，这些可不是突然出现的。分布在猎户座内的腰带状星星、昴宿星群，以及大熊星座，都不是突然出现的。当然，这些自然而然形成的星座，给我们提供了一个基础，让我们可以区分不同的星座。将来我们会专门来解释这些恒星有着怎样的物理性质。现在我们仅仅只要弄清楚心中的疑惑——物理性质的研究说明了什么。也就是，之前说到的恒星星群，它们是真正的星群，不是偶然的现象。任何一个星群中的恒星，都会具有相同的物理性质，并且都不停歇地在太空中运行着，就像昴宿星团那样。正因为如此，我们把它们称之为恒星族，对于天文学家们来说，他们更愿意称之为"运行中的星群"。

现在我们先对两颗星构成的"双星族"进行研究。就算是这些星星真的是从一个大瓶子中随意掉出来的，那么成对出现的星星距离也会离得近一些。

我们随意找出一些星球的照片看都会发现这种现象。它们的数量繁多，单单用概率解释是不行的。有的星座要成对出现，简直是天方夜谭，解释起来估计得用物理原理了。如果我们每隔几年就在这些星座所在的区域拍照，然后进行对比，那么是可以找到答案的。有些起初距离很近的星星会逐渐分离开。这样的星星，即使看上去非常近，但是事实却并非如此。这是因为在地球上我们看其中的一颗恰好和另一个相叠了。然而也有一些星星并没有随着时间的推移越离越远。尽管两颗星星所在的地方有可能发生改变，但实际上并没有从根本上分开。这就好比其中一个是绕着另一个在作圆周运动。类似地球绕着太阳、而月亮又绕着地球运行一般。这是因为引力使得它们保持着一定的距离。

引力理论

假如一个物体从你手中掉下来，它肯定会向下落到地上。我们知道这是地球的引力在发生作用。同样地，把一个物体抛向天空中，它不会永远向着抛出的方向前进。要是这样的话，那么物体肯定会脱离地球飞向太空。是地球的引力把它拖了回来。并且，我们抛出去的速度越快，那么物体落地要经过的距离就越远。比如一个物体被大炮发射出去的话，那它得经过几英里远才能被拖回来。

这些现象都是万有引力可以解释的。道理很简单，这是因为地球的引力让所有的物质都是以 9.8 米／秒^2 的加速度落向地球。这种定理对任何自由下落的物体都是行得通的。

要解释这种现象很简单。从高地的顶部 A 处水平抛出一颗子弹，子弹如果不受引力作用，它就会沿直线做无限运动。如果 AB 是它的运动路线，我们会发现，一秒钟后，子弹并没有落在 B 点，而是落在了 BB′ 线上距 B 点 4.9 米处，是引力

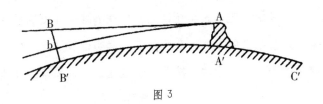

图 3

促使了这个改变。

再举一个例子。如果离 B′点 4.9 米的地方是 b 点，那么 b 与 A 等高。如果失去引力作用，子弹的运行路线也会改变。

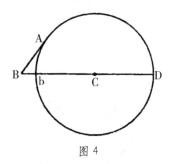

图 4

如果 Bb 相距 16 英尺，子弹每秒走的路程 AB 就应该有 25880 英尺或 4.9 英里。因此，如果发射速度能达到每秒 4.90 英里的话，子弹将会永不停息地运行下去，因为它的飞行速度与地球的引力刚好抵消了。

1655 年，牛顿开始怀疑这样的结论，月亮并不是沿着抛物线方向向太空运行的，而一直在以地球为中心做圆周运动，这大概也是地球引力的原因了。月亮与地球中心相距 238 857 英里，大约相当于地球半径的 60.27 倍。如果按照它绕地球周期运动的速度来推测，那么我们能够知道，它的运转速度是每小时 2287 英里。也就是说，一秒的时间内它的可以运行 3 350 英尺。假如一直做匀速直线运动，那么月亮也就会偏离地球 0.0044 英尺，如此一来，它绕地球旋转的轨道会以每秒 0.0044 英尺的速度下降，这可比地表物体降落的速度慢很多。牛顿推算说，当我们远离地球的时候，它的引力就会减小。地表物体降落的速度，相当于宇宙中月球向着地球降落速度的 3 632 倍。细心的人会发现，这里的

3 632 约是 60.72 的平方。因此，牛顿认为，月球的降落速度的损耗差不多正好是与地球距离的增加倍数的平方。此后我们也确实证实了这一点。牛顿也因此发现了赫赫有名的万有引力定律。按照这个理论，任何天体，当然包括地球自身在内，它们的引力都会根据与天体的距离而减弱。

如同地球的引力可以让月球永远绕着其做圆周运转一样，太阳的引力也能够使地球和别的行星绕着其做圆周运动。清楚了所有行星的距离以及它们在轨道中的运行速度，就可以推算出每秒钟能向太阳方向靠近多少。我们也就可以推算出太阳的质量，它是地球质量的 33.2 万倍。而且，不管以哪颗星作为计算参照物，太阳质量都是一样的。由此，我们更加确信这个结果了，也进一步证明了万有引力的正确性。因为如果万有引力不正确的话，那么以各个星球为基准推算出的太阳质量不可能都一样。后来，爱因斯坦也想证明这个定理不是完全正确的。这都是后话。这种推算的错误几率很小，甚至可以忽略到无从感知，除了靠近太阳最近的水星之外，其他非常小的数据我们都可以忽略不计。

既然我们可以通过调查太阳和地球的引力，或者数学家们说的引力场，来计算出天体的重量，那么我们也一定可以测出它的附属小星球的引力。由此我们得出木星的质量是 1.92×10^{24} 吨，是地球的 317 倍重，但它也仅仅只有太阳的 $\frac{1}{1047}$。土星的重量是 5.71×10^{23} 吨，约为地球的 94.9 倍。

计算恒星的质量

现在，我们将上述原理运用于实践中研究。我们通过观察恒星绕着一个中心做转动的轨迹，就能计算出它的重量。总而言之，实际操作并不是那么容易的。要把这个问题弄明白，我们得再好好学一学牛顿的理论。

上面我们说到，水平发射一颗速度为每秒钟 4.90 英里的子弹，那它就会永不停止地运行下去。那如果发射方向不是水平的，会怎样呢？

牛顿回答了这个问题。他指出，受到较大天体吸引的小天体，它的运转轨道始终是椭圆形的。因此，在运行中两者始终保持平衡的距离。在画板上画个椭圆对我们来说并非难事。首先，在画板上固定两颗图钉，将一条绳子的两端分别系在这两点上，然后用一支铅笔拉住绳子，在始终拉直绳子的基础上，让铅笔运动，就能画出一个椭圆。两颗图钉的距离越近，画出的椭圆就越接近圆。图钉间的距离与绳子长度的比率叫做"椭圆的离心率"。由于三角形的两边之和一定大于第三边，那么离心率永远小于1。离心率为零的椭圆实际上就是圆。离心角度越大，离心率就越接近1，椭圆也就越扁。当离心率在0到1之间变化时，得出的角度不同，所代表的小天体围绕大天体运行的轨道也就不同。固定的两点就是椭圆的两个焦点。在小天体的运行轨道的这个椭圆中，大天体就位于其中的一个焦点。开普勒是最先发现行星绕太阳的运转轨道是椭圆这一事实的。因为圆与椭圆相差不大，所以数学家们将它称为"小离心角椭圆"。这个发现再次证明了牛顿的万有引力定律，因为只有行星的轨道是椭圆的，引力定律中有关引力随着距离的平方变弱的理论才能实现。

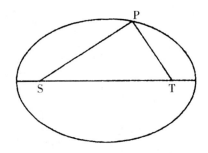

图 5 卵形线是一个椭圆，S、T 两点为它的"焦点"

其实天文学家们在研究过程中，早就发现行星的运行轨道是椭圆了。根据椭圆来计算的话，我们能得出恒星的质量。在一个双星系统中，如果两颗星质量差距很大，那么轻的那颗就会绕着质量大的那颗做圆周运动，而且轨道是椭圆的。这和行星绕太阳运行的规律相同。然而具体情况又有不同，因为实际上双星体系的两颗星质量基本差不多，因而要证明起来就有些难度。如果我们忽略掉这些数字上的细节问题的话，还有一个问题需要考虑，那就是这两颗星没有一颗是静止的。根据这两颗星各自的运行轨道，我们完全能计算出它们的质量。

现在，我们也用这一方法，假设太阳的质量为1，来计算一下太阳周围的四对行星的重量吧。

结果发现，计算结果跟太阳质量差不多。而且，最轻的那颗星星是位于天秤座一端的克留格尔 60B。质量最大的两颗星星是 H.D.1337 这对，分别重达太阳的 36.3 倍和 33.8 倍。我们还发现，27 大犬星族中的 4 颗星星，它们的总质量是太阳的 940 倍。实际上，宇宙中还有数不清的大质量星星。这个发现着实能让我们大吃一惊。

从下表中可以看出，这些星星的平均质量都要比太阳轻一些。科学家们对这个结论做了广泛论证。

靠近太阳的双星系统恒星质量

恒星	距离太阳（光年）	各星质量（太阳为 1）	光度
α 半人马座 A	4.31	1.14	1.12
α 半人马座 B		0.97	0.32
天狼星 A	8.65	2.45	26.3
天狼星 B		0.85	0.0026
南河三 A	10.5	1.24	5.5
南河三 B		0.39	0.00003
克留格尔 60A	12.7	0.25	0.0026
克留格尔 60B		0.20	0.0007

在无数次论证后，我们已经相信，恒星的质量是不一样的。只是现在还没有发现，到底有没有比太阳重 100 万倍的恒星存在。但是我们也知道了恒星的质量差不多都一样，几乎都与太阳质量接近。因此，我们可以断定，恒星是宇宙中稳定的存在物，而不仅仅是一群会发光的不明物体。

光 度

上面的表中也有说到"光度"。它实际上就是假设太阳光度为 1，而得出的星球发光程度。比如，如果天狼星的光度是 26.3，那就表示它的亮度是太阳亮度的 26.3 倍。并且，星球质量越大，光度也就越大。我们之前恰恰也是这样推测的。但这并不表示光度与质量成正比。天狼星系中，一颗星的质量是另一颗的 2.9 倍，但另一颗的光度却是它的 1 万倍。南河三星系中，一颗星的质量是另一颗的 3.2 倍，但另一颗的光度却是它的 18 万倍。这样的例子数不胜数。天文学家对这种现象很迷惑，但目前还无法知晓其中的原因。

分光与速度

在明确了一颗星星的距离以后，这颗星星在天空的运动就会让我们清楚地知道它的移动方向，但是我们无法测算的是它的移动速度，如果有一个星星正在朝我们迎面而来的话我们是看不到的，并且它们是以每秒百万英里的速度朝我们迎面飞来，我们看到的也就是在天空静止的物体一般。为了能测算星星迎面飞来的运动速度，天文学家利用了分光镜。

任何光的颜色都是不一样的。牛顿用棱镜方法解释了彩虹中阳光的全部颜色。分光镜从一颗星或者其他任何光源反射出的颜色都是不一样的。这种仪器把所分析的光分散在颜色逐渐变化的一种光带上，这种光带也叫做光谱。光谱上的色彩与彩虹是一样的，并且按照与彩虹一样的顺序进行排列，也就是我们说的从紫到绿再到橙再到红。这其中包含有物理原因。之后我们将看到的光是由一系列光组成的，不同波长的光就会产生不同的颜色。由此也知道了红光的波最长，紫色的波最短。光谱中的色彩按照波的长短顺序排列，也就是从最长的红光排到最短的紫光。在最有代表性的恒星光谱中，某一小段颜色或者波长会消失，其中的原因我们先不去解释。光谱看上去有许多暗色的竖线或者光带，这样就形成了它特有的模型，当然并不是颜色逐渐改变的那一种。经过观测我们知道，光谱总的来说可以按照一单一系列组合，通常按照字母 O、B,A,F,G,K、M 排列七大类，每大类又细分为十小类。

每当选择用分光镜分析从恒星上射来的光的时候，我们都可以看到光线或者光带的模式会朝着某一个方向运动。如果是朝着光谱的红端移动的，那就显示这颗星发射的光是以一种比较标准的状态到达我们的位置；如果看到红光的波最长，那么也就是表示这条光波比平时长，于是我们知道这颗星在远离我们。同样的道理，如果光谱模型朝着紫色那端移动，我们就知道这颗星正在向我们靠近。通过看到的光谱移位发生的量，我们就能计算出恒星沿着视线旋转的实际速度，并且这种算法相对容易很多。比如光谱上的每条线或者表示的波长为 $\frac{1}{10000}$，这比平常要长一些，就说明该星离开的速度是光速的 $\frac{1}{10000}$，也就表示它每秒18.6 英里。其他的位移也可以按照这样进行计算。

分光双星

通常双星的两个成员运行的速度是不一样的。一般的双星光谱包括两条重叠的光谱，根据这两颗星的速度显示不一样的位移。通过观察到的两颗星的轨道，天文学家们就可以推算出它们沿着视线方向运动的速度是多少，同时也可以测算两条光在光谱上的位移会达到一种怎样的程度。如果用分光镜分析这个星系的光，那么分光镜一定会证实这种推算。

假设一下相反的过程。如果观察一颗星的光谱时，天文学家得到一个复合的光谱，其中两条是明显不同的光在它们正常的地方做前后有节奏的位移。那么这两条光就说明是双星；如果光谱中有的位移反复一次的时间是两年，那么

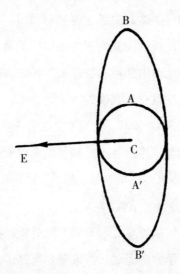

图 6 小轨道 AA′ 和大轨道 BB′ 沿视线 CE 运动的速度相同

就说明它沿轨道运行要两年的时间才能完成一周；其中一颗每两年就会绕另一颗转一圈。

当天文学家计算另外一颗的光谱时，发现它是有节奏地每两天位移一次；当他们直接观看这颗星的时候，只发现了一颗光点。当然这也可能是双星，只不过它们相互环绕的时间只有两天。这么短的时间里，说明它们距离一定不远。对此天文学家会觉得惊奇，因为他的望远镜是不能分辨出如此近的两个光点的。像这些星族，光谱上显示的是双星，可望远镜仅仅能看到一个光点，这种我们就叫"分光双星"。到目前为止，我们已经发现了有上千颗这样的星族。

另外有这样的情况，天文学家如果想要从光谱观测一条轨道，那么他就会遇到困难。因为他的观察仅仅可以显示沿着视线的速度，然而这种情况既会由真实速度又会由缩短的程度决定；同样的速度有可能是从与平面几乎成直角的大的轨道上提升，或者是从缩短的小轨道上提升。单从光谱观察是很难推算出恒星的实际轨道或质量的。

食双星

举一个非常特别的例子：如果我们现在观察到有一颗星的光是在不同时间段逐渐暗下来的，接着又会恢复，这种现象也就像是双星中的一个成员正在兼并另外一个。不过这样的情况只会在这颗星的轨道中发生，它的平面穿过地球

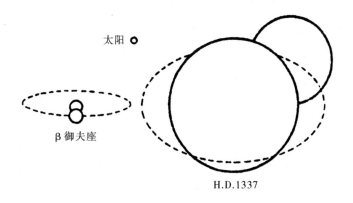

图 7 食双星的成员及轨道

或者是在与地球距离很近的地方。因此，重作一个完整的轨道，然后再推算两颗星的重量也是可以的。不仅如此，吞并的这个过程持续时间的长短也可以说明这两颗星的实际大小。这样一来画出它们的完整画面就没问题了。

在分光双星中，如果没有吞食这种情况发生，我们就不明白其缩短多少，但是我们仍然是可以设定一个平均缩短值的，这样对每颗星的质量就会得出一个一般的方法。如果我们同时设不同的减短量，那么我们就会发觉只有当轨道的平面被假设为穿过地球，也就是在食双星状况下计算出轨道之后，才可以计算出它们的质量。所以，就算现在无法知晓非食双星的状态时各个成员的质量，我们唯一可以确定的就是它们的限定条件，假设这个星系正处于吞食的状态。按照此种方法，我们知道了普拉斯凯特星的两个成员分别比太阳重 75 倍和 63 倍还多。

变 星

其实很多星星闪烁着的光都是固定的，所以我们才能确定一颗星星是无数烛光的集合体。例如，太阳发出的光就等于 3.23×10^{27} 个烛光的光。

当然也有特例，一部分星星的光闪烁不停，光波也有规律，就像前面说的食双星。它们不仅如此，而且波动的反复期也很精准，甚至可以拿来计时。但是有的星光的闪烁也不是很有规律，只是对比之下还是稍有规律。还有一些星光的波动相当不规律，不过我们现在探讨的重点并不是那些不规则变星的种类。

这中间最有意思的是当然要数一种叫做"造父变星"的。这些星星的名字是根据仙王的样子命名的。它们的自然面貌以及星光的机制到现在为止仍然还无从得知，我们也不逐一讲解了。

因为不管它们是什么样的机制，观察都表明这些星星有各自的基本特点，并且它的作用都非常大。因此，我们只要承认它，也没有必要细问了，食双星的光的波动十分有规律，甚至可以拿来作钟表。不过我们还不清楚这些波动所遵循的机制是什么。同样地，造父变星自身的光波动时可以起到一个测量杆的作用，也就是用它来估测宇宙间的各种距离。简单来说，这种特性就是通过观察到的星光波动，来估算出星星本身的亮度以及它们之间的距离。

还有一种变星，叫做"长周期变星"。这些星星和造父变星一样闪耀，只不过光的波动间隔周期不同，造父变星的波动周期大概是几个小时或者是几天，最多也就是几周，但是从来没有超过一个月；然而长周期变星的光波动周期却可以是一个自然年。

在银河界之外有叫做小麦哲伦云的一群小星星，当中就聚集了非常多的造父变星。就读于哈佛大学的勒维特小姐，在1912年就发现在仙王座里面那些稍微亮的星星就比稍微暗的星星光波动要慢一些。也就是说，这些让星光上下波动的某种东西，在暗光上却要比在那些亮的星光上动得快些。在宇宙各自位置上的几颗造父变星的平面亮度基本靠它们自身，但是在麦哲伦云中的星星们，和地球的距离基本相同。因为在麦哲伦云中，星星的表面的亮度差肯定也是代表了它们自身真正的亮度差。所以，勒维特小姐发现的也可以说成为造父变星座光波动周期是由它内部的"烛光"数量决定的。即使这只在麦哲伦云中得到了证实，但是无论造父变星在什么位置，都会发生这种事情。因为星星的位置是不能变动的。我们不能为了让星光波动更快或者是更慢让它们离得近点或者是远点。我们之所以知道星光波动的形式，其实都是以地球当做参照物的。

这种规律被当时在威尔逊山天文台的沙普利博士和赫茨普龙教授一起发现。如果在太空中处于不同位置的造父变星A和B是以一样的频率闪烁，它们的亮度自然是一样的。因此，它们表面的亮度差就一定和它们离地球的远近有关系。比如A看上去比B还亮100倍的话，那么B离地球的距离绝对比A要远上10倍。相同的道理，第三颗造父变星C距离地球要比B远10倍，那么它就比A远100倍。一旦D离地球比C远10倍的话，它也就比A远1000倍了。以此类推的话，我们可以继续制造或者加长测量杆，直到看不见星星的时候结束。

即便如此，我们考虑的仅仅是造父变星的相对距离。无数比较近的造父变星的绝对距离是可以用前面提到的星位方法决定的。也就是说按照地球围绕太阳运行的结论，再经过测量星星在天空中的显著位移来决定它们的绝对距离。

现在顺便找一个星星作为造父变星A，那么从A起步，我们继续从一个转向另一个，由此来计算出天空中所有造父变星的绝对距离。

研究出这些对我们现代天文学有着不可估量的非凡意义。因为这又表示着发现了一种观察宇宙的办法。当然这里的宇宙并不是整个宇宙，而是宇宙中有关造父变星的部分。实际上，由于造父变星在星空中是自由分散的。所以这样的方法自然也就是探索宇宙深层最有价值的。并且一般的计算方法是无法和这个方法媲美的。因为当我们想要测量100多光年的距离时，那么视差的方法就无效了。根据地球围绕太阳运行的结果，星空中100多光年之外的星星，看上去也只有2英尺之外一个钉头那么大。即使现在出现的很精密的仪器，也很难发现它的微小转动，更不要说再精准地算出它的距离了。"周期—亮"这样的规律能测量100万光年的星球的远近，和那些只能算出100光年之内的星球的距离的视位测量法，又大大提高了准确率，出错的概率非常小。

探索空间

上面说到的方法也算是观测空间的一种现代方法。任何一类标准的天体不仅容易认识，而且不论在什么地方，发出的光都是相同的。如此说来，就为观测天文距离提供了一种简单的办法。因为一旦这类星体自身的亮度确定之后，那么就可以从它的平面亮度推算出相似的每种星体的距离。

最显著的例子就是在这些标准形体中的指定周期的造父变星。当然还有第三类星星也是如此，这类星星虽然没有造父变星对我们有用。我们提到的第一种就是"长周期变星"。它和造父变星大致相似，只不过光的波动会慢很多。这些星星自身的亮度要比造父变星亮得多，甚至有的还比太阳亮10000倍。即使它们在非常非常遥远的地方，我们也能观察到。

第二种也就是"新星"。就是在天空中偶尔有一颗星星突然地爆发出一道比它之前还要亮1000倍的非常刺眼的强光。我们费解的是为何会突然地产生如此爆亮的情况。根据最新的研究，当新星出现在天空的不同方位的时候，特别是在当它们出现在河外星云的时候，是可以按照这些新星估算出恒星的距离以及那些星云的距离的。

另外我们也可以通过蓝星来进行测量。这些蓝星特别亮，就算是自身亮度稍有不同，但是差别还是不大。任何一种特别的星星多数都是可以根据它发出的光亮去计算已知的亮度，再确定蓝星的距离也能够实现，因此也能测出蓝星所在的星体距离。

在此有必要提一下两种不同的方法。W.S.亚当斯博士和其他科学家观察出了某一类星星的光谱存在有一定的特征，这些特征可以提示我们这些恒星准确的亮度，因此可以根据恒星的表面亮度估算出恒星的远近。这种方法就是一般常说的"分光视差法"。

根据星际空间中扩展的星云物质的散射云，对穿越它的光的本质有影响，因此某一刻星星的光谱能够说明星光所要穿过的星云是多少。这种方法可以大概地估算出银河系内部各种星体的距离。

球状星团

运用造父变星的光度规则去估算小麦哲伦星团距离的第一人是赫茨普龙。研究人员在对这个星团研究的时候首先就发现了这种法则。从这之后，沙普利就运用这一法则研究了球状星团的距离。球状星团大约有100个，这些星团除了大小不同之外，其他看上去都非常相似。之所以看上去大小不同，这是因为它们距离地球的距离各不相同。从而我们可以确定这些星团大体上是体积巨大的天体，而每一种这样的星团中又有很多造父变星。

沙普利测出了距离地球最近的星团，W半人马座。距离地球大概也有2.2万光年；而最远的 N.G.C.7006 大约是 W 半人马座的距离的 10 倍，它距离地球 22 万光年。我们的肉眼是无法观测到这么遥远的距离的。一颗距离地球为22 万光年的恒星的视差轨迹的体积，就好像在 4000 英里处有一个针头大小的物体在运动。由于地球上任何的望远镜都无法观测，所以我们也就没必要计算了。

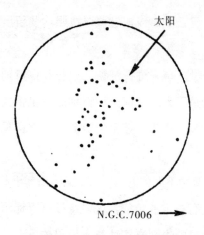

图 8　N.G.C.7006 球状星团的排列

22 万光年在数字上看起来很简单，如此遥远的距离要感受却不是那么容易的。我们可以举例，比如我们现在在一个地方用望远镜观察到星团 N.G.C.7006 发出光，那么这光大约就是它在地球上刚出现原始人的那个时代发出来的。它以每秒 18.6 万英里的速度，并且始终按照这个速度，经历了漫长的史前时期，来到人类历史有文字记录的年代，越过人类文明的启蒙时期，见证了各个王朝和帝国的兴盛衰败，现在到达地球。我们也不可以完全确定太空是有限的，哪怕它有巨大的空间长度。通常我们觉得当前所知的银河系是有限的。

球状星团全图被沙普利绘出，同时发现星团都是同在一个椭圆的位置上，位于银河表面的两侧，两者横向的直径很小。它的最大直径大约是 25 万光年。太阳距离这一椭圆形范围的中心更远于与这一椭圆形地区的周边的距离。汉克斯在 1911 年最先指出所有球状星团只出现在半个天空的原因。所有星团里除了 N.G.C7006 都处于这个半径为 12.5 万光年的椭圆形范围内，而太阳到它中心的距离是 5 万光年左右。

银河系的排列

很久以来，人们都强烈反对沙普利对银河系排列的观点。但是随着时间的推移，人们开始发现，那些球状星团实际在银河系中所处的位置，在大体上和沙普利描绘的竟是一致的。这样一来，赫歇尔和卡普坦两人的观点就被否定掉。这两人认为太阳系附近区域就是整个银河系的中心。但是在沙普利看来，天蝎座和蛇夫座的大恒星云中某一处，和太阳相距大约4.7万光年，必定是银河系的中心。沙普利认为，在这个区域有一个可以称作"局部系统"的恒星，它们都是些非常明亮的恒星。很多人认为银河主系统就是这个所谓的"局部系统"。对于这样的说法沙普利自己是反对的。当然就从字面意思，两者也是不能等同的。否则这样就把银河系构成变得更加的复杂。即使这个局部系统也像主系统那样，都是扁平的，但是它并不在银河的正平面之上，与银河平面之间有12度的倾斜。图9就是对这个系统的横切面的展示。

　　至于银河系中存在的恒星的总量，人们试图用各种不同的方法进行运算，但是依然没有确切的结果。主系统和局部系统之间的关系，也使人们困惑不已，经常把两者看作是同一事物。为此，这样的错误也就得不出正确的估算。到现在为止，所有关于这些问题的说法都混在一起，理不清头绪。就比如西尔斯，他就大胆夸张地估算出恒星总数量大概有300亿颗那么多。因为就算是使用最好的望远镜，观察到的也就大约15亿颗，这还得使用威尔逊天文台上那台100英寸的天文望远镜呢。不过事实可以是这样，假如现在有更大效率的望远镜，那么也就会发现更多的恒星，这样一来，恒星的总量肯定大于原来观测到的15亿颗了。当然前面说的300亿颗也并不是毫无根据的。这是西尔斯根据天文观测，然后运用外推法计算得到的数据。不过后来，他又进一步说出总量大约是1000亿颗这么多。

　　如果测算出了全部恒星的数量，那么也可以估算出银河系恒星的数量。那些处于银河系边缘的恒星，它们的轨道必定会受到整个银河系系统引力的影响，

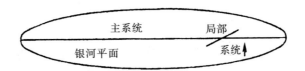

图9 银河系横断面示意图，太阳位于箭头顶部

使得它们不会分散开来，脱离银河系。如此一来，银河系也才真正意义上存在。科学家爱丁顿通过计算太阳附近的恒星的轨道速度，得出了这样的结果：银河系中一定有着比 3000 亿颗还要多的恒星。因为他在计算中发现，在太阳轨道内那些恒星的总质量，大约是太阳的 2700 亿倍。

要观测出这么多的星星，我们接下来要遇到的问题可想而知，肯定是困难重重。也许某个夜晚，星空虽没有月光，但是依然看得见的话，我们还有可能观测到 3000 颗星星，但是实际又会如何呢？如果观测到第 3001 颗了会怎么样？这就意味着在整个银河系中，存在着 900 万颗都是可以观测到的。到目前为止，我们还仅仅只用 5 英寸的望远镜，如果换作其他更高效率的望远镜的话，那么数据肯定又会不同了。当然我们不能再仅仅只依靠夜空清晰这样的条件，得寻找出其他更科学的方法。当然，在没有其他更加有效的方法之前，就得假设这些星星所在的天空依然晴朗无比，高度清晰。这样的话我们再继续观察，也许还会观测到 270 亿颗。即便如此，和西尔斯与爱丁堡推算出来的数据还是相差十万八千里。现在还有一种方法，可以推算出银河系内所有恒星的总数。我们现在造出 100 英寸的望远镜用以观测，首先找出 15 亿颗，把这 15 亿颗恒星比作是地球上人类的总和。现在让单个的每一个人作为一个恒星，西尔斯算出的数据就是这些单个人的 20 倍，而爱丁顿算出的恒星数量就是这些单个人的 200 倍了。

这样往下推算的话，除了在银河系内，在银河系之外也能发现更多的恒星。就像一个房子装不下所有的人那样，即使现在有 300 亿颗恒星存在的银河系，也不可能装下所有的恒星。世界上不止一座房子，宇宙也不止一个银河系，所以必然还会有其他更多的恒星。

河外星云

在这之前，我们在说明需要的时候提到了一种天体，用最大功率的望远镜观测的时候，发现这种天体的其中某一部分是恒星云构成的。这些恒星云巨大却暗淡。赫歇尔把这些物质称作是"岛宇宙"。这些"岛宇宙"类的东西就像我们住的房子一样，里面也包含了很多恒星。它们就像烟雾一样，一丝一缕地连续呈现。经过观察，一些可辨的粒子组成了这样的云状物。因此，根据这些可辨的粒子，我们用一个功率大的望远镜就可以捕捉到可辨别的微粒子，这些微粒是从星云外层的区域内发出来的。400多年前，伽利略用望远镜观察银河系时，看到星云变成了闪闪发光的粒子云。这次也一样，星云同样成了闪着亮光的粒子云。根据这个现象，我们可以确定那些光波微粒子中有一部分就是恒星。在后来我们确实也辨认出了这些就是造父变星。因为这些粒子的光也有潮汐形变的特点，这和造父变星是相同的。其余的那些比造父变星更亮或者更暗的，应该就是另外的一些普通恒星了。

一直在威尔逊山天文台工作的博士哈勃，在对造父变星的潮汐变化周期进行了更加细致的观察后，结合其他方法发现了这样的事实：哪怕是距离地球最近的星云，也都有85万光年那么远。例如后来发现的仙女座大星云，距离我们就有90万光年。因此对这些遥远的星云，我们叫"河外"星云，实在是再恰当不过了。

为了计算出星云中到底有多少颗恒星，不少人使用更多的不同方法。有的人想数出某一个特定的区域范围内的数量，然后依次数出每一个区域的数量，进而统计出所有恒星的总数。先不管结果如何，每一个方法的实践也都有它自身的意义。在银河系中，那些在银河系边缘最外端的恒星，会受到银河系的引力，围绕着银河系环绕。同样的道理，这些星云也会受到某种引力，围绕着在中心区域的星云不停旋转。和地球围绕太阳运转是一样的道理，这些星云也受引力的作用不停地环绕运行。如果真相确实如此，那么既然我们能算出太阳的质量，当然星云的质量也就不难了。哈勃博士就想到了这种方法，首先就算出了仙女座大星云的质量和室女座中命名为 N.G.C.4594 星云的质量。把这些星云和太阳比较的话，前者是太阳的 35 亿倍，后者是太阳的 20 亿倍。这样的数据也从侧面反映出，那些河外星云中存在的恒星至少都在 20 亿颗以上。

当然，这个数据也不能涵盖所有的情况。有的星云距离我们实在是太遥远，不管我们选用哪种望远镜都是徒劳，依然看不见其中的恒星个体。所以并不能说每个星云中都确实存在 20 亿颗这么精确的数据。比如我们知道的室女座里面，N.G.C.4594 这个星云就不能分解出独立的恒星个体。在它中心部分，有一种气体样的物质，这些气体物质本应该可以形成恒星，但是所需的时间却很长很长，以至于现在依然是以气体方式存在。所以我们根本就无法确定里面的恒星到底有多少。至于这些气体为什么还没有形成独立的恒星个体，我们在以后会详细地说明。但是我们现在至少可以知道，恒星诞生的场所就是这些星云了。因此，那些已经形成的恒星和没有形成的恒星，一起构成了整个星云。所以一个星云的质量不仅包含这些形成的恒星的质量，还有那些没有形成恒星的质量。这样再和太阳对比的话，一个星云的总质量大约也相当于太阳的 20 亿倍了。

在天文学领域，我们用 100 英寸的望远镜，可以观测到的河外星云大概也就 200 万个。这些能观察到的星云和地球的平均距离也有 200 万光年，最远的有 1.4 亿光年的距离。可见，宇宙中这些星云，在太空中四处扩散着分布。

宇宙的深度

在这一章中，我们所说的宇宙的深度，也就是我们能用眼睛看到的最远的距离。此前，人们一听说银河系的直径有 10 万光年这么大的时候，感到意外吃惊，惊讶于数据如此之大。那么现在又会是怎样的反应呢？因为我们现在说的宇宙的深度，是银河系直径的 600 倍这么大。这个距离究竟有多大？比如现在我们能观测到的，一个星云发出光，射向另一个遥远的星球，我们看得到的这个距离仅仅只有整个距离的 $\frac{1}{500}$。这个距离还是借助望远镜才能看到的。千万别小看了这 $\frac{1}{500}$ 的距离，对于人类而言，这个看上去很小的五百分之一相当于人类繁衍一万代了。我们已经知道，光速是每秒 18.6 万英里，现在星云发射出的光，穿过这个距离的时间，大约等于一万代人类繁衍时间的 500 倍。

如果我们使用的望远镜，功率再大些，再精准些，我们还可以观察到用 100 英寸望远镜不能看到的星云。如果在未来，200 英寸的望远镜出现了，那么观测到的结果就是现在的 2 倍。星云的个数也就增加到 1600 万个，相当于现在数量的 8 倍之多。

宇宙的构成

一旦我们换了更先进的望远镜，我们所观测出来的结果又会发生改变。对此，我们就会思考，是不是这个宇宙根本就没有边界呢？或者是宇宙到底有没有一个限度呢？

这样复杂的问题，至少还需要几代人的努力。有的人会这么说："如果我们找到了一种这样的物质，它不属于现在宇宙空间，那就可以说明宇宙是有限的了。当然我们现在还不知道这种物质是什么，先假设确实存在这样的物质的话，那么这种物质就像一面墙那样，阻隔了我们现在所处的宇宙。因为被隔断，所以我们无法进入到另外那个空间中去，所以"墙"那边的空间到底是怎样的形态存在，我们无从得知。也正是这种物质隔断了我们现有的所有想象。"

人们对此的探讨依然没有结束。就好比一个探险家，在还不知道地球是个球体的时候，曾经幼稚地认为，只要做次旅行，就能了解一个国家，因此旅行越多，那么发现的国家也就会越来越多。因为探险的途径数不胜数，所以他发现的国家也就无穷尽。但是事实却是，地球是一个球体，它的表面实际却是有限的。也就是说地表上的国家数量是有限的。因此不管做多少次的旅行，实际遇到的国家还是那么几个，多的仅仅只是在探索过程中所走的路途。

相对论

爱因斯坦在他的《相对论》中认为，宇宙空间是无穷大的，只不过人们的思想还存在着禁锢。这就好比地球的大小是固定的，而太空却是无穷的一样。如此一来，这两者的边缘都是可以封闭有限的。当整个宇宙被我们看成一个天体的时候，我们才能继续进行深入研究。或许地球的体积是有限的，但是宇宙的体积却截然不同。假设在地球上挖一个洞，垂直不变地往下挖去，最后我们就会穿过地球，进入到一个有别于地球常规物质的另外一种物质中去，即大气层。

当然，若我们永远只在地球表面活动的话，那我们也就永远无法到达另一种物质的边界。这种物质，属于宇宙之外，就如同地球之外的物质一样，不属于地球，也不属于宇宙。

在密闭空间中，这类物质的原形或许只是光的一种波粒或射线。虽然无法到达宇宙之外的物质层，但它却可以永无止境地运行下去，但是前提必须是循环往复地沿着自己的轨迹运行，不然就难以将运动继续下去。同样的原理，或许会发生这种情况，那就是光可以环绕整个宇宙运行，最后又回到起点。因此，我们若是使用大功率的高倍望远镜对准空中的垂直位置进行观察，或许会见到太阳及其附近的星体，它们就被包含在这个由光围绕而成的宇宙之中。如今我们所见到的星体，未必就是它们如今的形态，极有可能是它们数百万年前的形态。这也许就是光在给我们造成干扰，光在很久之前离开太阳，然后一直围绕整个太空运转，当它正环绕一周时，我们的望远镜正好捕捉到了它；而它却早已开始了自己的第二次运转。

当空间曲率对宇宙总体积形成限制时，它的作用远高于其充当大标尺时的作用。在《相对论》尚未出现的年代，人们普遍认为在万有引力的作用下，形成了行星轨迹、板球轨迹以及各种粒子的轨迹。《相对论》出现后，完全否认了这种想象中的力量，《相对论》认为各种物质之所以存在着弯曲轨迹，全因为它们都极力维持直线运动的结果。诚然，弯曲空间并非天文学家所想的普通空间，这个空间或许纯粹是数学上的理论空间。如何看待弯曲空间这个概念，天文学家认为应该将空间与时间完全融入在一起，成为同等的物理量。也就是众人耳熟能详的四维空间，这是四种同等的物理量，前三维是我们常说的长度、宽度以及高度，也可以称之为南北、东西和上下。而第四维就是时间，时间是测量我们的空间最好的工具（时间概念中的一年相当于空间概念中的一光年），它是乘以自身得出的。如此一来，就引起更多的人关注了，因为这样乘以本身是不存在的，这只是数学中的"假想"数字。没有任何数字在自我相乘后，结果会是 −1。只有把时间当成假设的年，才能使空间与时间成为同等的物理量。这证明了同等的物理量只存在于形式上，现实中它什么都不是，也无法证明任何问题，单单只是数学上的一个假设而已。

至于更深意义上的时间概念，在此，我们没有继续思考的必要了。其中最基本的观点来自爱因斯坦的《相对论》，即空间如同地球外表，它是可以弯曲的，因此，整个空间也是有限的。

宇宙论：爱因斯坦

根据爱因斯坦的理论，空间的物质总量决定了空间中的维数，即物质越多，空间越小，物质越少，空间越大。只有当组成宇宙的物质消失不见时，理论上的空间才能是无限的。我们无法计算望远镜观测的太空外的区域存在多少物质，但我们却坚信，这片空间的物质，基本由分布均匀的河外星云组成。

哈勃根据这些已知的物质质量，推算出太空物质的密度大概是水的密度的 1.5×10^{-31} 倍。若按照这猜想，那么整个宇宙中到处都充斥着这种密度的物质，当然，这也包括了天文望远镜无法观测到的区域。如今，我们对宇宙的半径进行了精准的计算，其半径是 840 亿光年，这个距离是目前我们观察到最远物质的 600 倍，而环绕太空一周则需要 5000 亿光年。如果根据爱因斯坦的理论，我们目前用望远镜观察到的 1.4 亿光年太空，仅仅只是整个宇宙的一部分，换言之，这只是某种物质的十亿分之一。因此，还有太多未知领域等待我们去探索。

人类拥有天文望远镜的时间只有四百多年，而人类却已经在地球上生活了数十万年，因此我们不必苛求自己在短期内将整个宇宙都探测出来。天文学家也只能在地球外表慢慢地探索着太空的奥秘，他们无法越过地球，到地球之外的空间去探索研究。这与

图 10 爱因斯坦

早期的地理学家一样，都是先了解地球表面的某段弧线长度，再去计算地球的大小。天文学家也打算用这种方法对整个宇宙空间进行估算，因此，他们正艰苦地观察着宇宙中一片又一片区域，试图通过计算宇宙的弧线长，从而算出宇宙的体积。

那个认为广义相对论非常有趣的年代早已经过去。在此之前，牛顿的万有引力无法解释的一些问题，广义相对论都合理证明了，例如行星运动现象就是其中一种，并且还预言了很多其他现象。例如，在发生日食的时候，太阳附近恒星所放射的光线在经过太阳引力场的时候，光线就会发生偏折，如此一来就会导致恒星方位的明显移动，并且恒星光谱线在向红色一端发生移位。这个预言面世之时，并没有得到大家的赞同，但是经过后面的实际论证，这样的现象的确是存在的。如今，该理论已成为我们探索宇宙的一个常用工具，使用该理论不仅能计算出天狼星暗伴星的直径，还可以区分行星状星云中的恒星种类。

固然，如果谈到爱因斯坦的宇宙论，方法不止广义相对论一个。或许，对于古人而言，它是正确的，但是随着科技的发展，对于后人而言，这种理论或许又不再正确。广义相对论虽然只确定了宇宙一小部分的特点，但却为后人找到了一条通向宇宙的道路。可以将这些已知的小部分打乱，然后重新构成一个整体。虽然爱因斯坦的宇宙论别具一格，但还是无法获得广义相对论的垂青。实际上在近年来，人们也越来越不认同爱因斯坦的宇宙论，或许这一理论早已被德·西特提出的宇宙论取代了，而且，德·西特提在 1917 年，又对自己的这种理论做了更加详细的说明。

宇宙论：德·西特

在这里我们先来区分一下这两种宇宙论。

爱因斯坦的宇宙论指出，宇宙中物质的总量决定了它的大小。一旦宇宙大小被确立，那么其包含的物质总量也就确定了，而且这些物质遵循某一自然规律。也比如说假设宇宙的大小和自然规则已经确定，那么制造一定总量的并且符合这些意义的物质就必不可少。我们现在把这种宇宙论和德·西特的理论进行比较，那么后者的宇宙论就更加复杂：一旦自然规则被确定，宇宙的大小有多重情况这种可能性也仍然存在，那么这个宇宙可以包含任何总量有限的物质。从严肃的科学观点来说，爱因斯坦的宇宙论比德·西特的宇宙论中猜测的部分要少，因此也可以这么说，爱因斯坦的宇宙论就单一性上比德·西特的宇宙论更加有意义。

图 11 德·西特

另外，这种简单性也有它的价值。我们曾经说过，空间和时间这两者作为同等的独自实体是整个相对论的基础。爱因斯坦的宇宙论将空间和时间看作了一个相对的整体，这就是它的简便性所在。

我们这样进行设想：当一个人的经验被限制在宇宙中的一个小小区域中时，空间和时间在这个时候是分不清楚的；但是当一个人可以在整个时间和空间上来回往返的话，空间和时间就会分得明明白白。不过一旦这个设想出现缺陷，那么真实的空间和时间就是明显可以分辨开的，就算我们不承认两者的存在，它们在模型中的模样中仍然清晰可见。在空间和时间被分解为各自的实体，或者当宇宙被我们用大标尺观测的时候，怎样的进展才是宇宙学意义上的进展呢？从这里我们也许可以知道，我们已经在采用大标尺观测宇宙了。

无论怎么回答最后提出的问题，德·西特的宇宙论在宇宙的局部或整体都坚持认为空间和时间是两个一样的独立实体。这样一来也得到人们的赞同。但是也可以这样理解，一光年就相当于$\sqrt{-1}$年。这样的解释在之前就已经证实，所以现在可以直接拿来进行使用。在德·西特的宇宙论中，并没有假定一光年和一年中的 12 个月是一样的。

虽然很多事实证明了爱因斯坦的相对论是正确的，但是在他相对论中却没有预测关于宇宙部分的一些现象。然而这些却在德·西特宇宙论中得到预测。比方说，天体光谱发出的光波在宇宙的远处比近处要运行得慢一些。这些远近不同的光源发出的光波相互振动，也就创造了空间和时间这两种相同的单独实体；我们说的所处的时间长河要比任何其他地方的时间长河都要运转得快些。初次听说，你会觉得德·西特的宇宙论好像自相矛盾，但是实际上，经过实践证明，它并不矛盾，而是德·西特没有把我们设定在地球的中心。他提出，在遥远星球居住的人们，同样会觉得地球上的原子比他们所在的星球上的原子要转动得慢。我们在广义的相对论中度量时间和空间的定义的话，这就不存在矛盾了。

德·西特的宇宙论推定了这样一点，那就是光谱线红移是由距离的改变而生成的。也就是运动物体的光谱一定会显示物体运动的结果，如果某一物体反向地球退行，那么它的光谱就会朝红端外移。这样的说法被所有的宇宙学家都接受，因为这种说法丰富了光谱线红移理论。而在他的宇宙论中，两个天体的位移并不是完全独立的，在近天体偏向朝远天体更远的方向运动的

图 12 广义相对论中的时空弯曲

特点是宇宙的一个本质上的特点。在德·西特宇宙论中，天体在时间长河中在慢慢漂移并相互远离。这就像我们往河水中扔下一捆稻草，它们在河水中漂移并逐渐散开。

在德·西特的理论中，光谱线向着红端外移这个现象不能证明天体在运动，也不能证明天体间的距离。当然这也并不是说我们根据观测到的天体谱线位移计算出的星系系统中的恒星的运动速度是完全不对的。只有星球间的距离能够被宇宙中的射线观测到，我们也才能发现由于它们的距离所产生的天体运动。我们已经观测到了最遥远的恒星的光谱有着规则的位移，但是这些恒星的数量非常有限。只有当我们观看到遥远的河外星系的物质的时候，我们才有可能观测到这样的现象。遥远星云的光谱一致朝着红端发生位移这样的现象，我们迄今为止也很难解释其中的原因。我们所能观测到的天体运动速度并不太快，但绝大多数都超过了每秒1000英里。我们将这个速度称之为飞速周转率。德·西特理论这样提到，那些几乎是全部的河外星云都在以一个快得可怕的速度离开我们。他的理论包括这样的几种观点：他认为，星云这么快速地远离我们，这是星云原有的特性。不承认这种理论的话，我们就无法接着理解以下的单纯观点，即天体的运行速度都非常快。

德·西特的理论就遥远地方的天体运行，最少做了两次阐述。如果没有其他理论解释这样的现象，那么德·西特宇宙论的正确性就缺少实践证明，它就仅仅只是一种合理的猜想。摒除这种宇宙论，已知的光谱线移动，一般由两部分组成。一部分是由星云的移动产生，一部分是由星云的距离产生。

德·西特的宇宙论中有一种猜测，即两个星云之间的距离在最初是非常近的，而且互相分离运动是由物质的规律决定的。距离最远的星云之间，无条件地以最快的速度分离而去，因此可以推断，星云间的分离速度与彼此间的距离成正比。哈勃先生的研究也指出了这个问题，说明整体上距离最远的星云的光谱运行速度最快，也与彼此间的距离成正比。所以，我们也就证实了上述猜测，即光谱运行几乎是由星云的高速运行形成的。假如我们能知道星云的光谱运行和星云与地球间的距离成正比，那么我们就能计算出，它们距离我们赖以生存的地球大约是 20 亿光年。

这样一来，我们就对可以描述出的宇宙画面感到激动万分了。可是对于这一点，有很多原因都可以证明这种假设根本不成立。比方说第一点就是，我们不承认星云的运行速度和与地球的距离成正比关系。如果我们跟麦哲伦星云的距离是 10 万光年，那么它运行的速度大概就是每秒 150 英里，它跟地球的运行速度每秒 200 英里已经很接近了。不管我们怎样看待光谱移动，麦哲伦星云似乎都在逐渐向地球靠拢。假设光谱移动真是星云运动造成的，我们就能够依据星云的运动速度，来计算需要的时间长短了。但是这段时间实际上太长了，超过数十亿年，根本不可能计算出来。这里我们先不解释其中的原因。我们现在来推测恒星的年龄，那就是恒星的生命不是我们想象的数十亿年，而是数万亿年。如果现在假设星云的运动仅仅是因为星云的散射形成的，那么恒星必定是生存在星云散射之前的更大的生存圈中。除非是有新的解释，不然人们不可能接受这样的猜想。

不过我们必须先承认，我们对这些恒星年龄的估算需要加以完善。实际上，这些都是在满足了德·西特宇宙扩大类型没有出现这种假定状态下计算出来的。如果不仅仅是星云，那么恒星在时间的起点时都是紧紧聚集在一起的，这样一来，我们计算恒星年龄就会偏短。即使超出我们的意想，恒星的年龄竟然比我们想象的还要长。无论如何，我们可以这样想象：亿万年前，宇宙的密度极其大，空间也非常小，后来才慢慢开始膨胀变大。不过这样的假设不能解释最近星云在向地球接近运行的现象。根据这样的假设，又会延伸出更多没有实际意义的现代天文学假说，所以我们先不进行讨论。

在我们完全放弃德·西特宇宙论的时候，我们用另一种极端的方式去研究运动的结果。即主要是星云间的距离引起了光谱移动，而不是运行的速度。当然，宇宙中的星云肯定不是静止不动的。光谱移动除了受距离的影响，还受到星云的引力作用影响。离地球较近的麦哲伦星云及其他两个星云，它们的距离不太可能会产生可以观察到的光谱线移动，所以一定有某些高速原因导致了它们的光谱线移动，高速可能是前行，也可能是退行，不过前行或者退行的平均速度都是每秒 175 英里／秒，甚至是更快。我们现在作一些假设，那就是所有的星云，现在和过去都是以这种规律任意运行，而宇宙的膨胀会随着随意运动的星云的逐渐增多而渐渐消失。这是因为伴星趋向于从星系中分离，但是这也并不是说星系会趋向使自己变成稀松的物质。假如光谱移动仅仅是距离引起的，那宇宙的半径至少有 8000 万光年，最起码比现在所知的要大一倍。光线围绕着宇宙一周再返回光源点的过程大概也需要 5 亿年。如果宇宙实际上真比目前所知的大三四倍，我们就一定能观察到太阳周围的星云。

当然这些想象并不是毫无意义的。这样的猜测表明，宇宙中离我们最近的两个星云可能的确是 M33 和 M31。如果真是这样，那么当我们观测 M33 和 M31 时，我们就会看见这两个星球的前面部分；在我们用望远镜反向观测 h3433 和 M83 时，我们就会观测到这两个天体的后面部分。当然这仅仅是一个设想，只不过这样的猜想很大胆。只不过事实往往又证实了类似这种的猜想是对的。

德·西特的宇宙模型里，他是把光以无限的时间围绕宇宙运行。因为它要穿越如此长的距离，因此不能通过观测任何物质的光去发现它们。因此，"德·西特宇宙理论"说，宇宙是一个没有任何物质的空壳。所以一旦出现哪怕一点点物质，光的射线路径就会在有限的时间里围绕它自身，并最终会回到起点。

德·西特的宇宙论说明，失去引力作用的星云同样不能保持匀速运动。因此也就出现了这样的疑问：假如星云的运行是绕行造成的，那么它的轨道变化与宇宙半径成反比。宇宙的半径即使只有 8000 万光年，那么星云的轨道变化也将大得无法计算。但是这些星云的实际旋转却又没有那么大，这是怎么回事呢？

如果宇宙的演变真像德·西特那样推测的话，真理就极有可能出现在两个极端中，并且前者的可能性更大。因为我们可以肯定这样的事实，宇宙的半径最少也有数亿光年，光绕行宇宙一周需要花几十亿年。

然而这些关于宇宙构成的讨论终归还是猜想。不过得到这样的一个大家都比较赞同的结论，就算我们现在还无法全面研究整个宇宙，这也给我们做出了很大的贡献。就像我们的天文冒险家，即使他们没能环绕地球实地考察，但是仍然可以发现美洲一样。我们现在大胆地进行猜想，也许在我们的下一代，就会完成环绕宇宙航行，也如同我们研究地球外表那样，去了解宇宙，甚至了解宇宙之外的东西。

为宇宙建模

我们研究发现，即使是观察距离我们最近的恒星都是很难的。因为最近的恒星离我们也有 4.25 光年。所以我们再去研究那些离我们最远、甚至几十亿光年的恒星了，更加不要再试图用那些方法去计算宇宙的圆周长。也许我们可以利用一些模型或者是比例尺去估测每个恒星的相对位置，那么我们得把比例尺定制得特别小，因为我们无法想象那些遥远的距离有多大。

我们已经了解到，地球绕太阳公转的速度为每年 6 亿千米，比火车的运行速度还要高 1200 倍。现在把这样的长度用 $\frac{1}{16}$ 英寸来表示的话，此刻太阳就被缩小到像灰尘那么大，也就是直径只有 $\frac{1}{3400}$ 英寸，这个时候地球也就缩小为一个更小的点了，它是如此之小，以至于用最最高倍的望远镜也看不到了。按照这样的比例，天空中离我们最近的恒星，也就是比邻星都会在地球 225 码[①]之外的距离去了。一旦再把宇宙中距离太阳最近的那 100 个恒星都放在这个模型中来的话，那么这样的模型本身就得有长宽高都是 1 英里那么大了。

我们现在不断改进这样的模型。我们现在先不管这些恒星的个性，把它们都想象成一颗颗细小的灰尘，在表示太阳的那一颗附近，我们平均每隔 $\frac{1}{4}$ 英里放上一些微小的灰尘。那么在空间的其他地方，也就是代表更远的地方上，因为存在着"区域星团"，所以紧接着太阳的就是天空中比较密集的一部分星球。我们继续改进这样的模型。假如我们在银河系的水平面中距离最长的方向去构造的话，那么那些很小的灰尘就会变得稀薄。这就表示我们已经到达了银河系的边际了。在我们到达最远的球状星云后，我们也已经在银河系的水平方向设想了有 7000 英里，并且我们还是在银河系的范围内。如果此时我们把地球围绕

---

①英制单位，1 码 =3 英尺 =36 英寸 ≈ 0.9144 米。

太阳运转一周的长度当做一个比例尺，用来表示$\frac{1}{3400}$英寸，那么银河系就差不多跟美洲大陆面积相当。我们要想再继续进行模型的建立，事先还得要搞清楚一颗灰尘这整个美洲大陆的比例是多少才行。

在我们建造完这样的银河系统之后，如果还想继续建造下去，那么我们必须在大约3万英里以外的位置上再加入新的东西。将一个新的恒星群放在这个遥远的地方，那么它们会聚集得非常紧密，可能比银河系还小。以这种模型来看，二次组成的恒星数目几乎是差不多的。接着我们继续构造我们所需要的模型，也就是恒星群之间差不多都隔了3万英里，这种情况一直到这样的星群出现了200万个左右，才会停止。这个模型如今已经朝着各方延展了400万多英里，而我们用望远镜恰恰最远能观测到这么远。如果这个模型继续膨胀，那么无论技术怎样发展，我们始终只能了解到浩瀚的宇宙中的冰山一角。

无论是银河系，还是河外星系，都有至少几十亿颗恒星。组成这些恒星的多是气态物质。目前我们已经知道像这样的系统就有200万个。直径100英寸的望远镜不能观察到的宇宙中的恒星依然还有几亿亿颗之多，我们目前还无法观测到的宇宙中，也必定远远不止这些。用一个比较简单的例子来表示的话，就是宇宙中全部的恒星就相当于伦敦市中的灰尘那么多。你可以想象得出，浩瀚的宇宙中，太阳不过算得上一粒尘土，而我们的地球，还不及尘土的百万分之一大，因此你可以想象我们生活的地方和整个广袤的宇宙是什么样的一种关系。

我们现在把整个伦敦市的灰尘都集中起来，然后一把撒向空中，那么这样也类似于我们构造的宇宙的那种模型了。伦敦市的每一颗灰尘的平均距离还不到1英寸，现在为了方便我们的模型有一个确切的比例尺作参考，必须把这个距离扩大到$\frac{1}{4}$英里左右。在拥挤的宇宙中，我们要在太阳周围建这种模型，同样需要这样的比例。如果我们如此来构建我们所需要的模型的话，那么我们就会看到这样的一幅画面。著名的滑铁卢镇除了像6粒灰尘那么大之外什么也不是了。就算这样，太空中的恒星所占空间也远比不上它所需要的灰尘。银河系中，每个恒星体系之间的那些庞大的空间都被忽略掉。在整个模型中，每颗灰尘和跟它距离最近的灰尘间，约有 80 英里远。宇宙最重要的构成部分并不是恒星，还有很多地方其实都是空旷的。这也就是说，除了少数恒星，宇宙中更多的还是那些不断延伸的大家想象不到的浩渺的空间。

　　我们假设现在在太阳周围的某一个地方建立了一个观测站。在观测站中，我们可以看到恒星是以大于高速火车速度 1000 倍的速度经过我们的地球。如果一旦宇宙真的是被恒星充满的话，那么假设的这个观测站就会让我们感到很不舒服。如此一来，我们在观测站看恒星就像是在摄政街上看着那些拥挤的车辆从我们眼前急驰而过，这种感觉除了让我们变得更大胆外，再无其他新鲜感。然而根据一项确切的统计资料说明，实际上这些恒星的运行速度不那么快，因此我们为了要看一颗恒星运动到我们地球这里的话还需要等上 100 亿亿年。这也从侧面反映出任何一个恒星要撞上另外一颗也都是在 100 亿亿年之后了。另外，恒星在太空中的运动是完全没有规律的。那些恒星会平白无故相互碰撞的可能性几乎很小。不过这样的担忧在以后的宇宙研究中会起到一定的作用。

第二章
探索原子

如今我们探索宇宙已经不再局限于探究人类本身，逐渐开始向更加广阔的太空领域发展。那么，我们对地球的研究就显得不是那么透彻。然而我们研究是只是宇宙的宏观世界，还有另外一半微观世界等待着我们去探索。

如今我们探索宇宙已经不再局限于探究人类本身，逐渐开始向更加广阔的太空领域发展。那么，我们对地球的研究就显得不是那么透彻。然而我们研究的只是宇宙的宏观世界，还有另外一半微观世界等待着我们去探索。当我们的探究细致到物质的基本单位时，方可欣赏到这个无穷世界的另一半。这种观察现在就算是有了一点成绩，也仅仅是现代物理学的初始状态。

为什么现在天文学如此注重宇宙的另一领域？回答是：这些恒星除了是惰性物质之外，还是正在发光散热的物质。这样才足以让我们可以看到它们。通过研究光和热的产生，以及照射到地球的途径，我们对它们作用的了解会更加明确，以致于对现代物理学的核心有深入学习。

早在公元前5世纪。如果我们站在海岸上，就能看到四周有沙滩环绕。第一眼看它，其结构蜿蜒不断，似乎是个整体，看得如果再仔细一些，发现他们的结构组成是单个的粒子。我们眼前惊涛骇浪的大海，其结构也是蜿蜒不断的，可怕的是我们没有办法把它们分开。然而，它们是由无数滴水构成，且每颗水滴皆能再次分解，无数次地重复下去。事实上，有争议的问题是希腊哲学家们对海水和沙滩是否真正表现出宇宙间物质终极结构的本质状态。

德谟克利特学派代表人物留斯帕斯和卢克莱修肯定终极可分性理论。他们觉得一切物质细分到一定次数之后，就会发现它们是由坚硬的单个不可再分的粒子组成。比如说沙子，沙子的终极结构概念要比水更好理解一些。水只要细分到一定程度，也可以显现出和沙子一样的粒子特点。现代科学充分肯定了这种直观推断。

事实上，人们只要认识到薄层物质所表现出的特点和较厚层物质所表现出的特点各异，这个问题就迎刃而解。比如，在地板上均匀地铺上一层黄沙，只要沙子足够细小，至少沙层有一个沙粒厚，就能够让地板变黄。假如只有一半那么多沙子，就不可避免使红色呈现出来，因为不可能将沙子铺半个沙粒厚。沙层的这种性质是粒子粒状结构决定的。

人们发现薄层液体也有相同的变化特征。一匙茶汤可覆盖汤盘的底部，一滴汤只能形成一个不整齐的斑点。所以，通过液体每个层次的变化特点可精确地推算出薄层的厚度。1890 年雷利发现，漂在水面上的橄榄油薄膜只要减少到百万分之一毫米以下，其属性完全发生改变。无数方法都可以证明这个说法：橄榄油是单个粒子层，它们就像沙堆中的沙粒一样，粒子直径大约为 $\dfrac{1}{25\,000\,000}$ 英寸。

全部物质都由这样的粒子组成。我们把这样的粒子叫做"分子"。最常见的性质就是分子组成层厚度的表现。小于单个分子的层厚度只有由物理学家在实验室中才能观察到。

分 子

一种物质到底用什么办法才能分解成最小的粒子或者分子呢？这件事对于一个科学家来说并不难。只要把水不断地细分，就可以得到不能再分解的粒子。

实际上，这整个过程非常简单。将盛着水的杯子从下面慢慢地加热，水便开始蒸发。这也充分说明了水在连续地分解成单个的分子。

如果这杯水是被放在可以灵活调试高度的弹簧秤上面，我们就会发现，水在

蒸发时不是每一层每个部分连续蒸发，而是以一个分子为单位依次蒸发，此时水的重量也在发生跳跃式地波动。每一跳就相当于一个单个分子的重量。而杯子中盛放的水并不能代表单个分子的数量，只能是水的数量总和。如果把杯子中的水按照单个分子来保存，蒸发就不会对它们造成任何影响。

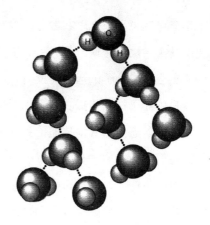

图 13 分子

物质的气态存在

一些分子在蒸发时从水的表层脱离，产生了水蒸气。气体的组成部分是大量的分子，它们之间互不干涉，飞到各处，就算是有几次瞬间接触，也只是偶尔发生。显然，它们自身的体积对相互之间的运动产生了干扰。分子越大，相互碰撞的几率就越大，运动干扰也会随之增大。其实也多亏了这种干扰，才让我们知道了估算分子大小的最佳办法。分子特别小，一个普通分子的直径也就在一亿分之一英寸左右而已。一般来说，跟我们估算的也一样，相对简单的分子直径会很小。水分子的直径大概在一亿分之一英寸左右，非常简单的氢分子直径也只有一亿分之一英寸。针对分子直径，不同领域的研究都觉得差不多，这更有力地证明了分子的存在。

分子非常小，数量肯定也很多。1 品脱[①]水当中包含有 1.89×10^{24} 个分子，每个分子的重量是 1.06×10^{-24} 盎司[②]。如果把这些分子首尾相接连成链子的形状，足足可以围绕地球 2 亿圈。要是它们全部分开在地球表层，一平方英寸的面积上就会存在 1 亿个分子。由此看，假如把分子看成是种子，按照每平方英寸 1 亿个分子的标准，播撒到整个地球，所需的种子只用一个装 1 品脱水的容器就可以盛下了。

分子运动时速度非常快。一个经常被使用的屋子，空气中分子的运动速率

---

① 1 品脱 ≈ 586.26125 毫升。

②盎司，英制重量单位，为一磅的十六分之一，1 盎司 ≈ 28.3945 克。

平均值可在每秒 500 码左右，这跟来复枪子弹发射出枪口的速度差不多，这种速度通常会比声速快。日常生活中我们对声速特别熟悉，因此脑海中会轻易地想象出空气中分子的运动速度，那么用声速来对照分子的速度就不全是巧合。声音是依靠干扰来传播。分子相互碰撞，将干扰一个接着一个地传下去，好比一个人把信息接力式地传递给另外一个人。这也跟古希腊的火炬传递接力很相似。用彼此撞击的方式，向下逐步传递信息。如果所有分子的运动速度相同，运动方向也一致，那声音的传播速度就等同于分子的运动速度。可是，有很多分子都不遵循规律的轨道运动，虽然普通空气中包含的单个分子，以大约每秒500 码的速度运动，但实际上声音却是以每秒 370 码的速率向前传播。

分子的高速运动是气体产生高压的一种动力来源。运动速度如同子弹般的分子，会将压力施加给所有与空气接触的事物表面。例如，火车汽缸里的活塞，在一秒的时间里就有无数个分子在撞击它。相当于无数颗小子弹连续轰击，活塞受到它们的推动，最终实现了火车前行。当我们吸进一口气时，体内就会闯进数百亿个空气分子。并且这些分子的运动速度达到每秒 500 码，我们的胸腔之所以没有被压扁，就是因为有分子们在不断地冲击着我们的肺壁。

事实上，空气就是无数个分子在不间断地、如同子弹般地到处乱飞，彼此还经常碰撞。在普通的空气中，分子之间每秒就会产生 30 亿次的碰撞。如果相撞的情况连续发生，分子就只剩下约 $\frac{1}{16\,000}$ 英寸的平均运动差距。假设我们把一种气体压缩，让它的密度增大，无数个分子就会被挤压在一个特定的空间，由此增加了分子之间彼此碰撞的频率，运动距离也会随之缩短。反过来，释放对空气的压力，让它的密度降低，就会减少分子相互碰撞的频率，运动距离随之加大。这被我们称为"自由行程"。现在能找到最高真空的地方只有实验室。此种条件下，虽然分子存在的数量也是每立方英寸 6000 亿个，但它们能在不与其他分子碰撞的情况下，保持运动距离达 100 码。

若想达到更高的真空，必须在天文这个前提条件下。部分星云里，分子在没有任何碰撞的情况下，可以达到数百万英里的运动间隔，但分子很少会选择这样特有的空间来运动。

人们可能会觉得正在飞行的分子万一受到相互碰撞就会迅速静止。子弹无疑是如此，可空气中的分子却不是这样。

能 量

子弹运动能量的指标是依靠自身装有火药的多少来判断。发射的子弹要保持速度不变，如果是原来的 2 倍的质量，需要装进去的火药就需原来的 2 倍。因为无论是子弹或是其他任何运动物体，自身的运动能量和质量都成正比。但是如果想让发射的原质量的子弹的运动速度是原来的 2 倍，可就不是装进去 2 倍的火药了，而是要加量到 4 倍。因为与运动物体的运动能量成正比的是速度的平方。经验丰富的司机都明白，如果在 10 英尺的距离内能将时速 10 英里的汽车刹住，那么车速在每小时 20 英里时，20 英尺的距离完全不够让汽车停下来的，而是需要 40 英尺。2 倍速度所需的刹车距离就应该是 4 倍。因为速度达到 2 倍，相当于运动能量达到 4 倍。一般来说，任何运动物体的质量还有它运动速度的平方都会与其运动能量成正比。

一个运动速度为 1 厘米 / 秒、质量为 2 克的物体运动能量就是 1 尔格[①]。例如，一列运动速度是每小时 60 英里（2682 厘米 / 秒）、重量达 300 吨（$3×10^8$ 克）的特快列车，运动能量就是 $1079×10^{14}$ 尔格。一个运动速度是每秒 1520 英尺、质量是 1 吨的炮弹，运动能量也是如此。

在 19 世纪，物理学范畴内建立了一个伟大成果，那便是著名的"能量守恒定律"。能量存在的方式不同，可以变换成各种形式，但却永不消失。静止物体的能量并不是消失，而是变换成了另一种形式。比如击中靶子的子弹静止在那儿，它的运动能量就是一部分让靶子发热，一部分让子弹发热甚至到熔化状态。它的运动能量和它引起的新热能形式的能量是一样多的。

根据同一原理，能量也不能创造。当时的所有能量一定是有史以来就存在的。

---

①这可以将一个运动物体的速度、质量及运动能量用数学公式来代表，假如用"克"表示质量，用"厘米 / 秒"表示速度，用"尔格"表示此运动物体的运动能量。

即使原来的形式与现在的形式根本不同也是如此。比如，火药存有大量的化学能，我们必须谨防这种被抑制能量突然释放而导致的破坏。如含有巨大能量的容器爆炸会将很多东西崩上天。事实上，枪就是一种将火药能量释放并尽可能将其转化为子弹运动能的设备。射击打靶时，包含在火药中的化学能转化成规定的能量，这取决于火药装填情况，起初将它转化为子弹的运动能，最小程度地转化为枪的后坐力，最终转化为热能。这种热能部分消耗在子弹上，部分消耗在靶子上。这里提出了能量的三种各异形式。宇宙间所有生命都可以看成是不同形式的能的体现。宇宙间所有变化都能够看成是能从一种形式变成另一种形式，但能量是不变的。这就是能量守恒定律。

热 能

接下来我们对热进行更深一层的研究。如果我们想让屋子暖和一些，就需要生火，这样才能让煤和木头里含有的化学能得到充分的发散，或者是把电热器打开，让远处电站里燃烧煤而释放出的部分能量，通过电流传给我们。究竟热是什么？它转化成另外一种能的形式的方式是什么呢？

物质状态不管是气体、液体或者固体，热只是单个分子运动能的体现。我们在增加屋子的热量时，会加快空气中分子的运动速度。某个物质当中所包含的热量其实就是它全部分子的能量。自行车轮胎的打气过程，就是气筒活塞在受到强加的压力后，逆着分子运动的方向作运动，进而把气筒里的空气分子排出去，分子运动随之加速。热能便由此产生。用温度计测试气筒里的温度就可以充分证明这一点。更简单的是，用手摸气筒，明显能感觉到它变热了。

存在于固体物质内的分子没有太多的能量。分子缓慢的运动速度，让自身的相对位置保持稳定。相邻的分子间也非常牢固地彼此牵制。它们没有足够的运动能量去脱离对方的束缚。如果对固体进行加热，就是增加它的分子能量，分子的运动便开始加速。不久以后，分子具备了充分的自由运动的能量，它们就可以从相邻分子的抑制中解脱出来。分离后的分子独自运动，相互碰撞，为自己开辟一条运动的道路。这个时候的物质状态就已经从固体变为液体了。为了更清楚地表达这一点，我们用冰化成水做例子，分子间的牵制由起初的稳固逐渐变得松散，它们彼此就可以自由通行。此时相邻分子间还会存在少许的束缚，但这已经对彼此的运动没有什么影响了。液体的温度越高，分子的运动速度越快，分子就会从彼此的制约中全身而退，获得自由的分子飞在空中，变成了气体。温度升高会让整个物质的状态变成气体。继续加温就会加快分子的飞行速度，其运动能量也会随之增加。气体的分子运动能量和空气的温度是正比例关系。这也正是我们用来定义温度的方法。通常我们度量温度的摄氏或者华氏用在这里是不恰当的，度量这种温度需要用"绝对温度"。"绝对温度"所指的零度是 -273.1℃，在低于 -46.9℃的"绝对温度"条件下，物质的能量不会再有损失。实验室中的绝对温度只能够达到大约 1K[①]。我们发现此时的温度状况可以把气体氢冻成固体，甚至连最难控制的气体氦也可以如此。如果在远离我们的恒星星际里放置一个温度计，它的绝对温度也只能在绝对零度以上 4 度以下。要想达到更低的温度，必须要超越银河系的限制。

分子间的撞击

我们试着在脑海中想象一下两个分子碰撞的情形。战争中，子弹间的碰撞把它们自身的运动能量转化成热能。它们的温度越来越高，甚至会熔化。那么，分子的动能是如何转化成热能的呢？从分子的角度讲，热能和动能这两种形式的能差异并不是很大，说白了，热能就等于动能。所有能量都是恒定不变的，更不会有什么新的形式产生。两个分子碰撞后最有可能发生的后果，就是有一部分动能发生变化。

比如，两个分子在相撞以前有 7：5 的运动能，相撞之后就可能变成 6：6、8：4、9：3 的动能，或者还会有别样的组合。但无论怎样它们的动能总和一定是 12。

每一次的分子相撞都不会对能量产生任何影响。分子的飞行永不停歇，碰

---

① 1K=1 开尔文 =-272.16 摄氏度。

撞也连续不断，这也不会对分子造成任何损害。分子彼此发生的碰撞和转换，会导致动能或上或下地发生波动。

能量的消耗并不能引起注意，人们最为关注是这种上升或者下降的波动性变化，原因是分子的运动是永恒的。

原 子

每个分子都会在气体的状态下，将其自身原有的固体或液体物质的化学特性保持住。例如，固体状态的盐或糖，会因为气体状态的水蒸气分子而变得潮湿，盐或糖跟水一样，会和那些高度吸水物质轻易地产生组合，如生石灰或氯化钾。

分子的分裂会不会更进一步呢？这个问题若是让卢克莱斯和他的前人来回答，答案肯定是"不行"。但一个实验却否定了他们的答案，这个实验很简单，却超出了他们的知识范围。

我们在一个大玻璃水杯中放入两条通电的导线，线头方向朝下。这时，两条导线上就会聚集很多气泡。通过化学检测，证明这两种气体性质绝对不同。两者不可能同为水蒸气，而实际上它们都不是。两种气体分别是氧和氢，而且我们发现氢的含量是氧的两倍。因此我们得到的结论是：水通过电流分解，可以得到 2 个氢和 1 个氧。这些经由分解分子而得出的较小单位被称为"原子"。每 2 个氢原子和 1 个氧原子组合成 1 个水分子。H_2O 就是水的分子式。

存在于地球上的所有物质，比如鞋、船、封蜡、白菜、国王、木匠、海象、牡蛎等等，凡是我们能想到的东西都可以利用各种方法将其分解成原子。人们可能会觉得地球上有那么多各式各样的物质，从中肯定会找到种类极其繁多的原子。实际上，原子的种类并不多，所有物质中包含的原子有很大一部分是相同的。地球上形态各异的物质，并不是由各不相同的原子组合而成，而是由 244 种原子选用不同的组合方式产生的。就像画油画那样，几乎自然界所有的颜色都能依靠三种基色调和而成。那些在陆地和海洋中从未出现过的颜色就更不用说了。

针对地球上所有已知物质进行的分析，充分说明了迄今为止我们已知的原子类别只有90种。而真正存在的原子大约有92种（现在人类已发现114种元素）。我们坚定地认为，有两种乃至更多的原子正等待我们去发现。即便是这90种已知的原子中，大部分都非常罕见、难以发现。组成普遍物质的有氢、碳等大约14种原子。

总的来说，物质多变的地球就像一个建筑物，而原子就是用来建造地球的指标特殊的砖头，整个建筑结构中用到的砖头种类只有14种，其他种类的砖头也有用到，只是数量比较少而已。

光谱仪

我们用重锤敲钟就会产生特别的音调，那不同种类的原子放在火上、电弧中或者灯管中，就会产生不同颜色的光。牛顿发现，透过棱镜的太阳光就像包含多种颜色的彩虹。依照同种方式，利用更精密的仪器，现代光谱学家将组合成某一种光的颜色全部分解出来。正是光、暗光或光带融合成了这种彩虹，并形成了一种光谱。这种光谱成了天文学家衡量恒星运行远近及速度的依据。检测这种光谱之后，技术精湛的光谱学家可以立即判断出这种光谱的原子类型，因此，对现有物质试验最准确的方法就是分光试验。

不是只有地球上的物质才可以使用这种分光分析法。1814年，夫琅和费将牛顿对阳光的分析实验反复地做过之后，得出阳光的光谱是由部分暗线融合而成的。这就是人们已知的夫琅和费谱线。这位光

图14 约瑟夫·冯·夫琅和费

谱学家可以把这些谱线轻松地讲述出来。而这些谱线也更说明了一些地球上普遍存在的元素，比如氢、钠、钙和铁，也包含在阳光中。夫琅和费谱线并没有体现在太阳光谱上，就是因为这些物质的原子将所有颜色的光全部吸收了。现在人们对太阳光谱的了解程度要比当时夫琅和费想象的复杂得多。太空中所有恒星的光也是这样。这些足够说明：正是地球上已经发现的那 90 种或 92 种原子组成了整个宇宙。但目前这一点还没有得到真正的证实，因为我们所接受的也只是来源于太阳或者其他恒星最外面的那层光。

从表层上，我们得不到任何有关这些恒星里面各种原子的信息。实际上就算是地球内部的各种原子，我们也是丝毫不知。

原子的构成

直到近期，人们才知道整个宇宙的组成部分是那些恒定不变的原子，而这些原子重新组合就形成了宇宙间的所有变化，就像小孩玩积木那样，组合的方式不同，建造的建筑就不同。这种观念直到 20 世纪才基本上被打破。

在 19 世纪后期，克鲁克斯、雷纳德和汤姆生开始分裂原子，尤为突出的是

图 15 汤姆生

汤姆生。具有 2000 多年历史的粒子一直都被认为不能再进一步分裂，如今却突然有一些碎片从它们的构造中分离出来。1895 年，汤姆生指出这些来源于未知原子的碎片都是完全相同的。除了质量相同，就连负电荷也相同。也正因为这个特点，它们被命名为"电子"。但是，构成原子的因素不可能只有电子，还应该有其他的东西。一个电子中包含一个负电荷，若一个结构中只有电子，那其携带的也只有负电荷。每两个电荷无论同正或者同负，都是相对的。只有在一

正一负的时候才会相互吸引。所以任何物质、任何结构，要么就带正电荷，要么就带负电荷，甚至于不带电荷。通过观察，每个完整原子上都没有电的存在。因此，我们认为，肯定有一个正电荷存在于原子的某个地方，且正电荷量将所有电子的负电荷总量全部中和。

1911 年，卢瑟福同其他人一起做了一系列实验，最终得到了原子结构。就像下面看到的那般，自然界自身存在很多极速运动且带有正电荷的小粒子，这些粒子来自于放射性物质。简单地说，卢瑟福的实验方法就是在原子中放入这些粒子，并观察结果。他的发现让人吃惊，很多轰击粒子根本不在乎原子的存在，仿佛它们轰击在幽灵上一样。

但是原子不会一直都像幽灵。粒子也会受到少部分原子的撞击，因此可能有万分之一的粒子会从自己的运行轨道上偏离，就像被特别巨大的东西撞到了似的。通过数学计算证明，这个障碍有可能就是那曾经被推测出才发现的正电荷。

这些轰击粒子的运动轨道在经过研究之后，证明了原子的正负电荷一定聚集在一个单一狭小的空间里。这样才使它具备了一万亿分之一英寸大小数量级。因为这个原子结构观点是由卢瑟福提出来，所以此观点也是以他的名字命名。也正是因为这个又重又小且带正电的中心核子，他推论出了原子的化学性质及特点。这个中心核子的周围有一些按照特定路线运动的负电荷电子。根据推断，这些电子在原子中同样处于运动状态。这一点尤为重要，否则正负电荷的相互吸引就会让电子进入中央核子内，就像地球一旦脱离运行轨道，会被太阳吸走一样。简言之，在卢瑟福眼中，原子结构等同于太阳系构造，充当太阳的是很重的中央核子，那么其他的行星就是电子了。

即便电子的运行轨道很小，其运行速度也非常惊人。电子可以每秒绕着原子核做数千万亿次的运动，这速度相当于数百英里／秒。它比行星的运动速度还快，就连恒星的速度也比不上它。

若想维持中央核子四周的空间，就需要阻止其他原子接近它。

原子的大小决定了电子的运动路线。电子维持的畅通无阻的空间要远远超出电子总体积的大小。通常来讲，可以拿战场和子弹的比来比喻这两者体积之比。原子的半径如果是大约 2×10^{-8} 厘米，那就等于 10 万个半径为 2×10^{-13} 厘米的单个电子，此时原子的体积就是电子的 1000 万亿倍。即便所有电子质量总和的 3000 至 4000 倍才等于一个原子核的质量，可从体积方面讲，所有的电子加在一起就等于一个原子核，所以导致一边发生偏移，而带有负电荷粒子组成的 α 射线，也偏向另外一边。但 β 射线就算有最强的磁力也不会发生偏离。根据以上所讲的，得出结论：γ 射线并不是质粒。

原子序数

我们把原子当中沿着轨迹运动的电子数量叫做"原子序数"。除原子序数 85 和 87 为两个之外，目前所知道的所有原子数序包括了 1 至 92 的原子。并且都是可以确认存在的原子序数。就像我们推算的那样，大概有 92 种元素，由 1 到 92 依次排列，目前已经排列到 114。

最简单的原子就是序数为 1 的氢原子。有一个质量带等同电荷的电子围绕氢原子核在运动。

氦原子的序数是 2。有两个电子在原子核周围做环绕运动。虽然它有两个电子，可是它的质量是氢原子的 4 倍。

锂原子的序数是 3。有三个电子在原子核周围做环绕运动。

由此可推算：地球上最重的原子——铀原子的质量是氢原子核的 238 倍，有 92 个电子绕原子核运动。

放射性

当人们在专注地分解原子的时候，原子核本身并不牢固的事实被科学打破。贝克勒耳在 1896 年的时候发现所有含有铀的物质都有一种独特的性质，它能够让底片感光，继而，一种新的特性——放射性被发现。以后的许多年当中，人们在对放射性的探索中研究的结果，竟然与 1903 年卢瑟福和索迪发表的"自然衰变"现象一致。根据他们的想象，这是一种原子核的自然衰变现象。其原子会伴随着时间的推移不断地衰变。所以，铀原子中的原子核，在很长的时间过后，就会演变成铅原子的原子核。

衰变过程也不是一朝一夕的事情。而是有不同过程的，分为几个阶段。在衰变的过程中，会释放出 3 种射线，分别是 α、β、γ 三种射线。

一开始它们被表述成辐射线，后来人们发现它们具有穿透力，可以穿透空气或者金属。我们都知道，磁铁的正负极可以让带电的粒子偏离自己。偏离的方向决定了是正电荷或者是负电荷。当放射性物质的射线在穿过磁铁两极的时候，发现 α 射线由于是带正电荷的粒子构成的，所以向一侧偏离。而 β 射线是由带负电荷构成，所以会向前者的相反方向偏移。我们得到的结论就是：γ射线本身就不是粒子。

α 射线

α 射线周围有一些粒子带正电荷。1909 年，卢瑟福和罗伊兹使用粒子进入到一个根本逃脱不了的器皿里，方法是用粒子渗透一个不足 0.01 毫米的玻璃障

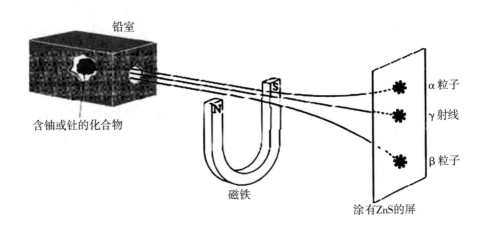

图 16 α 与 β 粒子的运动

碍物，对于 α 粒子来讲，该器皿仿佛是一个抓老鼠用的器具。之后得到的结论是只要不断增加器皿中的粒子，就可以生成氦。因此可以断定，氦原子的原子核便是带正电荷的粒子。

放射物质的特性是由这些粒子的很高的运动速度决定的。这些粒子当中，钍 C^1 放射出的粒子的运动速度高达每秒钟 12800 英里，是运动速度最快的。运动速度最慢的，是由铀放射出的粒子。虽然速度只有每秒钟 8800 英里，就这样，它的运动速度也是空气中普通的粒子运动速度的三万倍。

所有分子都能被保持以这样的速度运动的粒子撞离运动轨道。α 粒子有这么厉害的穿透力的原因就在这里。

β 射线

β 射线的构成因子是带一个负电荷的电子，在有磁力影响条件下观察它们的运动情形便可看出。原子中顺着运动路线运行的电子跟 β 射线如出一辙。原因是两个电子的负电荷量跟 α 粒子所带正电荷量相同。所以在原子放射出一个粒子后，好比是缺少一个正电荷，使得这个原子只带一个负电荷，跟两个电子的电荷量一样。因此，负电荷放射和粒子放射轮班进行的情况是避免不了的，只有这样，正负电荷的平衡才得以保持。还有一部分比 α 粒子运动速度更快的粒子存在，比如 β 粒子。一部分粒子的运动速度跟光速（每秒 186 282 英里）相比较，只差千分之几。

威尔逊教授发明的一种的仪器设备在自然科学中是威名远扬的。假如 α 粒子与 β 粒子在穿透空气时与遇到的气体分子发生撞击时，这种仪器就可以把这些粒子的运动情况准确地记录下来。在充斥着水蒸气的容器里穿行的粒子，此条件下粒子所经过之处遗留下的凝聚的痕迹可以被拍摄下来。图 16 的照片即是由威尔逊教授拍摄的，在同一张底片上可以看到 β 粒子和 α 粒子的运动轨迹。α 粒子在空中会造成的干扰会比较大，留下的痕迹也比较宽以及更明显一点，并且运动的轨道也非常直，原因是它的质量是 β 粒子质量的 7400 倍。β 粒子的质量比较轻，在与非常多的水分子碰撞后会偏离原来的运动轨道。在底片上，

总共显示有四条 α 粒子的运动痕迹以及一条比较暗的 β 粒子运动痕迹。其中一条 β 粒子的运动痕迹由于以粒子穿行时，电子从原子中碰到的一段短距离路程而呈现出非常不平稳的现象。

γ 射线

γ 射线从本质上讲不算是质粒。经证实，它是一条与众不同的辐射线。下面我们针对 γ 射线阐述一下。

辐射能

如果用一根棍子搅拌水塘里的水，水面上便会有层层涟漪一波波向远处扩散。搅拌时，水会对棍子产生阻力，我们需要持续搅动才能让水塘的波纹持续扩散。搅拌时所做的功至少有一部分会转变成水波能。我们可以看到水面上飘着的木棍或者其他东西能够抵抗地球吸引力而往上浮动，这就表明水波带有这种能。水波有一种机械能，可以使水塘的水上下波动，这种能量的传输便是靠木棍或者其他东西的运动。

所有的放射形式以及光都可以把能从能源中传输出来，这一点与水波相似。太阳光线的辐射就是把太阳内部产生的巨大能量通过光传输出去。光是不是波运动这一点我们还不清楚，但是我们清楚，其他形式的辐射和光的传输形式都有连续波的特性。我们可以用棱镜区分组成阳光的不同颜色。同样，我们也可以用一种作对比用的仪器——衍射光栅来分解阳光，了解构成阳光的波长，并且这些波长跟虹的各种不同的颜色相似，这就表明不一样的颜色表示的波长也不相同。这样我们就有办法去测量不同颜色的波长。光具有非常短的波长，我们能看到的最红的光，具有最长的波长，然而长度也只有 $\frac{3}{100\,000}$ 英寸。最紫的光线，波长只有 0.000 015 英寸，只是红光的一半。所有颜色的光都是做匀速运动，速度一般都是每秒 186 000 英里或每秒 299 792 千米。红色光线的光波每秒从某个固定点通过的次数高于 400 万亿次。我们称作为"光频率"。紫色光的频率比这还要高一些，每秒约为 800 万亿次。也就是说，在我们看到紫色光线的那一秒，光波就进入到我们眼睛里 800 万亿次了。我们看到的光，是由分析之后的类似于五线谱式的从红色光区到紫色光区的阳光构成。然而这压根儿就不是光的真正面目。假如在紫色光区之外放一些盐类化合物，你会看见盐类化合物发出亮丽的光亮，这就表明虽然在紫色光区内看不到光，但是依然在传播能量。

能从光谱两边无限延伸的不可见光区。能使用的无线电波区是沿红色光区一端延伸过来的。这种光波波长可达到几百码至几千码的长度。短波区或者更短的波区即是各种形式的紫外线辐射区，是从紫色光区的一端延伸过来的。这种波长很短，只有肉眼所能见波长的百分之一甚至千分之一，这个光波区又被称作 X 射线区域。X 射线可穿透几英寸厚的肌肉，因此，日常生活中我们透视和无伤探测就可以使用这种射线。在 γ 射线的辐射区还会有 X 射线的延伸，γ 射线的波长足足有一百亿分之一英寸数量级，这等于可见光波长的十万分之一。γ 射线的波长极短，我们根本看不到，以后我们会慢慢地讲到 γ 射线的作用，先把一个小秘密透露给大家：γ 射线能让贝克勒耳照片变得特别不清晰，想知道这是为什么吗？那就同我们一起深入探索一下放射物质的特性吧！

放射性原子的裂变可以被比作是射击：α 粒子可以看作是发射，β 粒子可以看作是打枪产生的烟，γ 粒子可以看作是闪光，打完的空枪可以看作是铅原子了。而开始带有子弹的枪可以看作是铀之类的放射原子。这种放射性的枪的特征是可以自动发射，所有要控制这种放射的功都是无用功，我们能做的只有等待，之后你便会发觉它们像装有定时器一样，会自动发射。

原子核

能被发现具有放射特性的原子，除去原子序数为 19 和 37 的钾和铷之外，也只有那些原子序数在 83 以上的，最大、最复杂的原子。较重的原子要比较轻

的原子更容易发生原子裂变，但是较轻原子的结构也是有特定组合的，人工手段也可以让它发生裂变反应。1920 年，放射性原子被卢瑟福看作是枪，他发现用 α 粒子直接打击较轻的原子可以使它们发生核裂变反应。人工方法的原子核裂变跟放射性原子的自发核裂变存在很大不同。如果 β 射线和 γ 射线不存在，放射性原子就只放出 α 粒子，而后者没有放出任何的 α 粒子，若是把该原子的质量分成四份，放出的粒子也只占了一份而已，并且经证实，这种放出的粒子完全等同于氢原子核。

C.T.R 威尔逊教授把原子世界里这些"风极一时"的事情用"经迹形成法"拍摄了下来。图 17 就是 α 粒子与氦原子碰撞的情景，是 P.M.S. 布莱克特先生拍摄下来的底片，图 17 中，直线是一般 α 粒子的运动轨迹，看上去没有多大变化。不过 α 粒子运动轨迹的分支在每张底片都有显示，形状看起来像"Y"字。

"Y"字形上边的分支便是 α 粒子跟氦原子的碰撞走势，下边就是 α 粒子

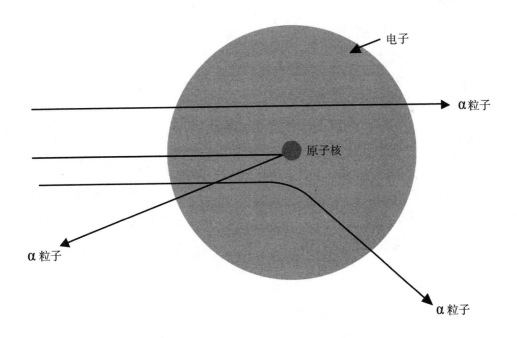

图 17 卢瑟福 α 粒子散射实验中 α 粒子射向原子时的运动轨迹

撞击前的走势。 α粒子与氦原子能把所有东西撞离原来轨道，因为它们的运动速度是那么快。布莱克特先生从两个夹角为90°角的不同方向进行拍摄，所以把撞击的整个情景都拍摄了下来，就像在底片上显示的那样。动态理论所要求的角度跟这样的角度截然不同。

在图17中可以看出，如果氦原子同α粒子碰撞后的运动轨迹构成了"Y"字形的上部，那么此角度则完全无法符合动态理论中必要的角度要求。如果"Y"字形下部的依然是一个一般的α粒子的运行轨迹的话，同时图中左上边的分支表示一个仅有四分之一质量并且是从原子核中辐射出的粒子，也就是说等同于α粒子的运行轨迹的缩小版，右边分支则是抓拍到的氮原子跟α粒子共同运动的轨迹。

确定布莱克特先生对自己所拍照片的解释正确与否花费了我们很长时间，值得肯定的是：原子核裂变的情景在图17中得到了很好的展示。

同位素

如果两个原子都带有相同的正电荷，那么它们的化学性质也是相同的。根据电荷量的规则，原子核电场的正电荷数目与运行在原子核周围的电子数目是相同的，这样，该元素的原子序数便可以确定。阿斯顿博士表明，同样的化学元素的原子（比如氯和氖），它们的原子质量不一定相同。如果两个化学元素相同，但是它们的原子的展现形式不同，此种情况，这两个同样的化学元素便被称为同位素，因为它们的质量不同，所以可以参照它们的质量将它们区分开来。阿斯顿博士还发现非常重要的一点，那就是所有原子质量跟单个固定原子质量几乎都是倍数关系，这个质量单位跟氧原子质量的十六分之一接近，与氢原子的质量相等，该原子的原子量即是用这个单位测量的原子质量。

质子与电子

依照阿斯顿的实验结果以及卢瑟福人工原子核分裂的结果，我们可以做一个通俗易懂的假设：整个宇宙只剩下质子和电子组合，每个质子带一个电量正好与一个电子所带的负电荷量相等的正电荷，但是它的质量却比该电子质量重1840倍。大家都认为质子与氢原子的原子核完全一样，其他原子的原子核全都是由电子和质子组合成的复合结构。譬如由2个质子和2个中子与2个电子组成的 α 粒子或者是

图 18 阿斯顿博士

氢原子的原子核，它们的质量跟氢原子质量相比，差不多是氢原子的四倍，它们所有的电量大概比氢原子的原子核电量多一倍。

另外，还有一种情况，假如 N 个质子与充足的电子是每个完整的原子的组成部分，那么这 N 个氢原子组成部分与原子的组成部分就会完全一样，原子的质量和氢原子的质量也会成倍数关系。

电磁能

为了让大家能更深地理解这个问题，从整体上来看，我们或许已经明白了即使去掉含有质子和电子外的原子，它仍然会带有三分之一的电磁能。眼下，我们的结论估计从科学上还很难解释得通，不过我们将这种电磁能比作是"瓶装的辐射"也不是不可以的。电磁能本身就像煤一样，是有质量的，这一点已被现代电磁学理论所证实。正如像流水一样的光线以及随风飘落的煤一样，在接触表面的同时，也会受到一个表面的反作用。如果这些电磁能的强度达到一定程度的话，估计可以像消防栓一样将人打倒。因为用实验可以检测出来光线对它接触的表面有一定的压力，因此这不仅仅是从理论上的证实。因为原子的辐射能非常小，因而用平常的实验检测是非常难做到的。比如，一个只有

50 马力的探照灯夜以继日的发光的话，100 年也只能发出 $\frac{1}{20}$ 盎司的光。因此，不管是什么东西，它的质量在辐射时都会慢慢地失去。放射性物质在衰变时会有 γ 射线辐射出来，故而也有一些质量要失去。

原本的 1 盎司铀所含的所有电子和核子的数量，与铅和氢所含电子和核子的总数是相同的，然而 1 盎司铀的质量为什么会比氢和铅的质量大呢？众所周知，大概 4000 盎司的铀多多少少会有一盎司的质量丢失，只能剩下 3999 盎司的质量，丢掉的一盎司就是以辐射的形式放射掉了。

从这些例子中可以明显地看出，各种原子的质量都不可能是氢原子质量的整数倍。假如有人提出异议，那么他肯定没有考虑到，在原子结构发生变动时以辐射形式放射到太空中的电磁能的存在。由于跟原子能相比，电磁能的质量是微乎其微的，因此可以完全不考虑在内，这样一来其他物质的原子质量就可以是氢原子的质量的整数倍了。然而即使这种情况得以证实，也不是千篇一律的。比如说，将一个原子比作是一栋大楼，建楼时需要粘合剂，那么我们在计算楼的总质量时，就不能将粘合剂的质量忽略不计，其中的粘合剂就等同于电磁能。

总的来说，一般原子都是由能量、电子和原子核组成，而且三者都能影响原子质量。当因为外因或者自身原因致使原子结构发生变化时，它的原子核就有 α 射线或 β 射线等物质微粒放射出来，这也是原子释放自己能量的途径。这种辐射的表现形式就是放射 γ 射线。

下面的内容我们讲一下它放射的两种表现形式——可见光和不可见光。另外，原子的总质量我们还可以通过核子和释放出的能量以及电子来计算出来。

光子论

现在我们讨论的这些理论可能理解起来比较困难，因为在日常生活中，我们想要找到跟这种理念相似的知识和经验相当困难，因此论证起来很难。所以在阐述这些观点时，我会用一些比喻或者一些模糊但理解起来比较容易

的方法，再或者利用一些模型来给大家解说。对于真理，我们千万不能武断地去揣测。

在 19 世纪即将过去的时候，人们对电的理论的认识仍然是非常模糊的。电子连续不断地向宇宙释放能量，余下的能量在不断减少的理论是由麦克斯韦和法拉第所提出，这种理论还推断说：辐射到太空中的一切能量将在短时间内变成波长非常短的辐射。其实这种现象从来没有出现过，由此可见，这种在当时风靡一时的电动力学理论是完全错误的。

空振辐射

那时，有一个失败的例子非常重要——就是很有名的空振辐射。一个空心物体被加热到白炽的状态，人们怎么也想不到外表发出的光和热，是由被禁锢到中间的光从一个小窟窿里释放出来的，使用衍射光栅和分光镜可以把它分解成不同颜色的光。这便是闻名的空振辐射。空振辐射最有可能是最完整的辐射的完美代表，每一种颜色都能在辐射时完美体现出来，任何一种颜色都不会漏掉，直到今天都找不到一种物质表面能进行这么完美的辐射。凡是基本能做到这一点的辐射物质，我们都称之为"充分辐射物"。

19 世纪的电磁学理论表明，如果没有该物质加热的具体温度作用的影响，在光谱紫色的远处或者更远的地方估计能找到这种物质（或者物质空心）的所有辐射。其实，我们在光谱反方向的一边找到了这种辐射，所以，源自 19 世纪理论的猜想是没有办法得到证实的，也没有哪一种现象可以完美地证明这种猜想。

来自柏林的普朗克教授在 1900 年的一次实验中发现，在光谱的不同颜色上都有空振辐射的踪迹，普朗克教授又一次声明，从电动力学的规律中可以推测出他的新法则。新电动力学理论与原来的理论简直有天壤之别。

实验过程中一个设想在普朗克的脑海中萌生，即在被加热之后，振荡器的光辐射等同于音叉被敲击后产生的声音辐射。传统的电动力学理论表明，每次振动现象都和音叉一样，从逐步减弱到完全停止。除此之外，普朗克又提出假想，倘若改变振荡器的能量只发生在突然振荡的情况下，从 1 到 4 间的任意整数都可以作为能量单位，但分数则不可以。因此，能量可以被逐渐改变的说法不成立。换种说法即振荡器不找"零钱"，当一次外力作用于它（例如一先令），相当于一次外力所产生能量的价值（一先令）便被释放出来，延续到所有能量完结。总而言之，振荡器不接受零钱，只接受整数的"先令"。这个假设带来了极为轰动的反响，这个概念被许多人看作等同于在空振辐射中能看到的那些颜色分布。

　　1917 年，这一观点被爱因斯坦公诸于世，从而以一种更加具体的形式使人们易于接受。在哥本哈根的尼尔斯·玻尔教授早期提出的理论中，在"逐渐阶段"原子和分子无法改变其自身的原有结构，也无法将自身能量消耗掉。在物理学中"间断性"取代了"渐变过程"。在原子的结构中既有可能存在相似的构型或阶段，却又毫不相同，如被放置在楼梯上的重物，也许位置有差异，如放在第三或第四层。辐射常常会影响到原子构型位置的变化过程，借由吸收作用在它身上的辐射能，这种体系可以被推到上层的楼梯，也可以被降到下层的楼梯，较低能量的状态在这时便会出现。这时，辐射成为释放能量方式。促使状态发生特殊变化的最重要因素是特定的颜色和精确长度的辐射。如果要改变原子的体系，其困难程度相当于从一个投币机中拿出一盒火柴一样。我们不仅需要使用特殊的工具，还必须确定"一便士硬币"的精确大小和重量，"硬币"过小或过大、过轻或过重都可能导致失败。倘若用一个不正确的波长辐射照到一个原子上，那么就相当于这个例子：仿佛一场百万富翁的闹剧：那枚合适的硬币缺失的情况下，其他人将全部的财产都花掉了也无法将一盒火柴从投币机中取出，而他却可以揽到更多的财富；也可以这样比喻，对一个孩子而言：他没有那枚合适的硬币，即使手中有很多硬币，他也无法将那片朝思暮想的巧克力从投币机中取出。不过这种辐射不会给原子造成障碍，当聚集起来的原子被混合辐射照到时，辐射可以被原子吸收，因为拥有可以使原子内部状态发生改变的特定波长，而其他波长的辐射在通过后仍保留原有的样子，毫无变化。

也许只能在太阳光谱和恒星光谱中看出，可以用多种方式去证明辐射原子的选择活动。类似于夫琅和费在太阳光谱中观察到的，实际上黑线可以在所有恒星光谱中看到，因此，这种现象便不难被我们理解。有可能出现的任何一束波长的光，将通过炎热的恒星向外放射，发生撞击，气体的原子被组合而成，每个原子将适合它波长的辐射吸收走，且其他所有波长的辐射都不会相互作用，经过这些后，适用于原子波长的恒星辐射的波长就所剩无几了。我们很容易明白，恒星中蕴含着一份细小精密的吸收光谱。在光谱中所记载的路线的位置，清晰明了地解释了恒星原子吸收的辐射种类，有助于我们在实验观察中掌握更多关于辐射的各种原子知识，并以此为基础去认识其他的原子种类。可是，最后是什么决定了原子吸收的辐射类型，以及排斥的辐射类型呢？

　　普朗克提出一种假设，即每一种波长的辐射都和某种物体存在关联，且蕴含能量，这种物体被称为"量子"。波长是量子赖以生存的条件。我们可以设想一下，在量子和"频率"之间存在一定的比例，又或者量子和以秒为单位的辐射振动次数成比例，和辐射的波长成反比，也就是说波长的长短与能量的大小成反比。红色的光能量较弱，紫色的光能量较强等等。

　　爱因斯坦提出的假设是，如果某一种辐射可以让原子或分子发生变化，而只有在引导变化以后，原子或分子所需的能量恰好等于一个量子的能量，此时变化才会显现。这就是众所周知的爱因斯坦理论。这个理论的出现确定了使原子或分子进行投币机器式工作的辐射类型。

　　经过了解我们明白了，完成工作的前提是必备一个强有力的量子，几个单独的量子和一些聚在一起的力量薄弱的量子是不会等同的。再多的红光也不能代替极少数的紫光发挥的作用。但凡摄影师都很了解这种情况：就算底片接受了很多没有被破坏的红光，也弥补不了一束微弱的紫光对底片的影响，而整个光盘也会遭到破坏。

　　在引起变化的过程中消耗了所有的量子，这让个别量子里没有丝毫的残留能量去引起其他变化，而爱因斯坦也曾用图例在化学法则中表明了这一性质："所有因为光的入射而产生的化学反应中，被改变的分子能量等于被吸收的光的量子数。"这个规律对于投币机主们来说非常熟悉："销售的货物量等于获得的硬币量。"

如果我们细心地观察能量的破坏力，会发现原子结构受到同样的量的短波辐射的破坏，超过了长波辐射的破坏。足够的短波辐射不仅会将分子或原子重新排列，还会将某个电子用照射的方式产生光电作用，由此分解刚好落在辐射能级上的原子。频率也存在最大限度，超出频率范围，再强的光也会不起作用；反之，只要频率在范围以内，再微弱的光也会立即引发光电反应。一个量子只能让一个原子发生分解，从而进一步分解出一个电子。假如辐射频率是在这个范围以外，那么量子就会存在其他能量，而这些能量超出了从一个原子中挪动一个电子所应有的最小量。

电子的运动轨迹

相关理论均根据玻尔的假设：原子中，接收电子的轨道是有限的。一个受了辐射刺激的电子，可以从容地从一条能够使用的轨道跨越到另一条轨道上。玻尔自己对这些可以使用的轨道进行了钻研，并研究到了排列方法。不过，现代的研究结果否认了他的大量理论，虽然如此，我们仍需关注理论里面的很多细节，因为实用性最高的、并且最有效的机械的基础结构模型，是由玻尔的原子图为我们提供的，如果想要攻破比玻尔理论更为复杂的原理，那么玻尔原子论就一定要学得彻底。

大家都知道，氢原子的核心就是一个质子。而质子又被电子包围着。原子核与电子的质量差异非常大，电子质量仅仅有原子核质量的一千八百分之一那么多。通常情况下，电子的运动状态也不会干扰到原子核的静止状态，或者说是睡眠状态。它们的关系就像地球和太阳的关系一样，地球在不停地自转和公转的同时，太阳的状态是不受干扰的。原子核和电子两者之间由本身携带的正负电荷在相互吸引着。这就是为什么电子不是直线运动而是按照固定的轨道在运动。正负电子相互吸引的定律就是基本的万有引力定律。伴随着正负电荷之间距离的平方值的不断减小，两个电子间相互的吸引力也就会逐渐增大。所以，我们知道了核电子系统与太阳同行星的系统都是差不多的。它们运转的轨道也大致相同。外表呈现椭圆的形状。整个系统由核组成，最中心的核就是核心。

量子动力学中电子在轨道之间任意移动的观点是不被认可的。玻尔的观点是：在圆形的轨道上还运行着电子能和氢原子，而这些轨道的直径和自然数的平方是成比例的，比如说：1、4、9、16、25等等。这样，就算是一部分圆形轨道被偏心率的规定数字限制了，也不会影响电子和氢原子在这些圆形轨道上的正常运转。一般情况下，电子在椭圆轨道运行所需要的直径如果等于这些轨道的最大直径，那么剩下的轨道是全部都被停止使用的。

图19显示了电子能够在氢原子里运行的最小轨道，图中标识 1_1 的，意思就是最小的电子轨道直径就是1.接下来的直径为4的轨道有两条，是这样表示：2_1，2_2，然后呢，就是直径是9的三条轨道，表示的方法是 3_1，3_2，3_3，剩下最后的直径为16的4条轨道自然就标示为：4_1，4_2，4_3，4_4。当然，在图中，这样的可用轨道的数量是可以无限扩展的。我们也就不再浪费时间来解释了。通常情况下，如果达到了实验条件的话，在标注为 1_1 的百倍的地方也许会出现1

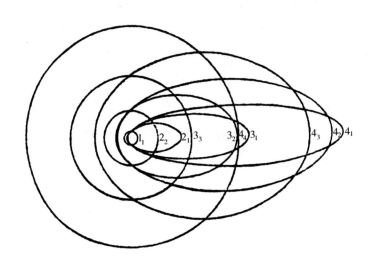

图19 氢原子中电子轨道的排列（玻尔模型）

直径电子的身影。在气体少量存在的恒星环境下，氢原子就会慢慢地膨胀，体积也会越来越大。在这个基础之上也会有特例出现，比如说：恒星光谱上某一个轨道是轨道 1_1 面积的 1000 倍。如果在图 19 当中显示的话，如此大的一个轨道，我们所需要的这个圆的直径就一定要达到 4 码。

每条椭圆或者圆形的任何轨道，只要其直径相同，能量就一样。不过当电子从一条轨道转移到另一条不同直径的轨道时，能量就会随即产生变化。所以，在一定程度上，原子的构成，就像一个装能量的盒子，在实验中，算出能量的变化不很难。比如说，氢原子中直径最小的两条轨道的能量差是 16×10^{-12} 尔格。如果用适当的波长辐射，照在一个原子上，这个原子正好有一个电子在最小轨道上运动，该电子就会因这个波长辐射的干扰跨入另一条轨道，在这样的过程中吸收 16×10^{-12} 尔格的能量，所以该原子成了暂时容纳能量为 16×10^{-12} 尔格的盒子。如果从外部无论用什么方式对原子进行扰乱，这个原子随时都会释放能量，反之，它就会继续吸收，增加并积蓄能量。

在我们了解了适应所有类型原子的所有轨道，就容易算出电子在它们之中转移过程当中能量的变化。当一种转移吸收或释放了一个完整量子的能量时，随之就能快速计算出在转换过程中释放或吸收的光的频率。总之，如果知道了原子轨道的排列，就能计算出原子的光谱。在实际应用中我们采取了这一过程的相对形式：在已知光谱中，找出释放光谱的原子结构。玻尔的氢原子模型在这方面最低可以算得上是当中最好的一个模型，根据被原子释放的光谱，几乎同时可以再克隆一个氢的光谱。可是这个理论现在还没得到普及，人们普遍认为玻尔的轨道图不能完全解释实际的光谱。需要对玻尔图解更深入地研究，因为我们并不能确定原子就是那样组成的，玻尔图解为我们现在以及将来的探索，提供了一个很好的试验性试例。

一开始的答案让所有人都无法兴奋起来，全部的理论呈现出一个特征就是：哪怕是氢原子本身带有 16×10^{-12} 尔格能量的电子荷，如果在一定时间内没有受到任何干扰，那么，电子依然会自行地运行到最开始比较小的轨道上边。继而要放射出 16×10^{-12} 尔格的能量。爱因斯坦曾经认同这一理论。如果不对的话，那么，普朗克的"空振幅射"的原理也没有信任价值了。所以，氢原子在聚拢到一起的过程当中，电子运动的轨道是比最小轨道要小的，我们举例说明：如铀或者别的高频放射原子的能量集中过程是极其相像的。在经历了这一过程之后，这个原子的能量也会随之弱化到最低的状态。

虽然原子非常复杂，但是原子中的轨道排列和氢原子的轨道排列是差不多的，不同点仅仅就是大小的差异。氢原子和原子当中，还会出现一个类似的情况，那就是在一定的时间后，电子就会回归到能量低的轨道上。当然，这个情况在现实当中也不一定会完全就是这样，因为在一些轨道当中，不会有更多的电子存在的位置的。在物理学当中，这也就是普通原理当中的特别条件，我们也称之为"排除法"，由于这个影响的是整个物理学术的理论，所以我们现在还不能完全地肯定。但是我们可以下结论的一点就是，这个特殊的条件就像科学学术当中的基础一般，比如说：同一时间内的两个不同物体，在占有时间的方面也一定是不相同的。事实上，我们没有必要非得把基本原理摸得明明白白之后才能接受这一原理，因为在相同的时间内，两个不同的电子是不可能占据相同的空间和轨道的。不过并不排除它有其他的方法让自己得到扩散。在占据整个轨道之后就不必给任何电子留下位置了。事实上，人们是很难把这一事物的本质当作概念接受的。有可能的只是氢原子当中能量最弱的轨道。原因就是它们当中充斥着电子，它们紧邻的电子轨道，就是我们之前所说的轨道是不会有这种可能的。

到目前为止，还没有任何明确的物理现象能够验证，最低能量轨道上可以瞬间停留某一电子，况且这完全是荒谬的说法。原子的状态，是由电子在一个固定的时间内在某一个轨道上确定的，就像当电子以自由的状态运动到处在外层的轨道上时，就能知道这个时候原子的状态，而其他轨道上的情况却不是这样的。如果电子进入到了高能量的大直径轨道时，其结果会逐渐地发生变化，慢慢地，它的作用就会越来越小。而无论什么时候，电子一旦来到原子核周围的小轨道上的时候，它都会慢慢地变化为简单的带电状态。

因此无论任何理由，同一原子中作旋转运动的所有电子一定不在同一条轨道上。这些电子就像两个不能站在同一个楼梯台阶上并列行走的人，两个电子也不能都在同一条轨道上运动。举例来说，十个能量最低的轨道被氖原子的十个电子分别占用时，氖原子此时的状态仍然是最低能量的，这就是量子理论成功的解释。无论哪个原子里，都存在这样两条能量相等，比其他任何轨道的能量都低的两条轨道。接着，会有 8 条能量较高并且能量相同的轨道，然后又是 18 条能量再高些并且能量相同的轨道，以此类推。因为这些不同的轨道群上的电子都有相同的能量，假如用图形而不用容易使人误解的措辞来说明的话，我们把这些电子叫做电子环。并且将它们分类为 K 环、L 环、M 环等等。K 环距离核心最近，只能容纳两个电子。其他的电子都被推入 L 环中。L 环能容纳 8 个电子，8 条轨道虽不同，却有相同的能量。如果还有需要被接受的电子，那它们一定会进入 M 环中，按照这样的方法下边的都可以推算。

一般情况下，氢原子的 1 个电子附在 K 电子环上，氦原子的 K 环上有 2 个电子，L 环、M 环以及更高能量级的轨道都没被电子占用。更复杂的原子如锂原子有 3 个电子，K 环只能容纳 2 个电子，另 1 个只能在外部的 L 环上运转。在有 4 个电子的铍原子中，有 2 个电子被赶到 L 环上运行。按此法规直到有 10 个电子的氖原子，其 L 环与里面的 K 环均被电子填满。下一个钠原子中，11 个电子中有 1 个被排列在更远些的 M 环上，由此可以推算。如果电子不受辐射或其他强烈的干扰，则每个原子都会及时降到另一种状态中去：电子各自占用只有一个电子的能量最低的轨道。

直到现在，我们了解到，原子一旦达到这种状态，就会变为一台真正永远运动下去的机器。电子连续在轨道上运转。运转的电子也不会产生辐射。能量或者以其他的形式得到消耗，这种状态下的原子不会释放能量。可能大家很难相信，但据我们所掌握的情况，事实就是这样。虽然我们的知识有限，但可以肯定的是，这一特性控制着宇宙的存在。这样的条件如果不存在的话，整个宇宙的物质能量会在瞬间以辐射形式散失，具体的时间计算为每秒的千分之几。根据 19 世纪物理学原理要求的方式，如果一般氢原子能够释放辐射能，作为直接结果，氢原子将每秒钟收缩 1 米多，每一级电子，以能量大小的顺序，不断地落到电子轨道上。大约千分之几秒后，整个原子将会在原子核与电子相遇，然后，在辐射的同时马上消失。除了量子，我们通过禁止全部量子以外的辐射；或当没有可供消耗的量子时，禁止各种放射这两个办法，成功地证实了量子理论里所说的宇宙的存在。

虽然我们有一系列的实验解释基础，但也很难让我们远离现实去想象那些很抽象的概念。目前，人们正在探索一门物理延伸科学，称为"波动力学"。不过人们在实验现象中取得的进步，比在现实中获得的多很多。事实上，我们也不知道能不能正确了解全部过程；或许它们已经超出了人类的思维理解能力范围。

因为靠现代理论物理学无法解释这些现象，所以我们理解起来会很难，围绕太阳旋转这一运动很容易解释，也很容易被人理解。当我们看到天空中的太阳时，就会觉得我们脚下踩着地球，这一运动被我们深刻地感受着。但是，当我们企图去解释氢原子中电子环绕质子旋转这一相似的运动时，会有什么样的不同事情发生，我们都没有电子或者质子的直接经验，无人理解它们的真实面目。我们为此做了一个标本，由一个小硬球代表电子和质子，开始，它工作得很好，然后突然开裂。在波动力学的新光线中，这个硬球，不能像预计的模式那样充当电子。硬球在空间总会有一个固定的处所。显而，电子是没有这一位置的，硬球会占据一个固定的空间，而讲到一个电子会占用多少空间，就像讨论恐惧、担忧或其他不稳定因素会占据多少空间一样，没有任何意义。假如我们坚持弄清一个电子能占据多大的空间，也许最好的答案就是，整个空间。硬球从一点运动到另一点。氢原子模式中的电子从一条轨道跳到另一条轨道，不像硬球一样会做已知的运动，如果真有东西像原子中的电子，真正的电子运动可能会更少。既然现在我们脑中只能形成这一不太完整的模型构成的原子图，我们对这样的现象只能这样解释，以便日后继续研究。

辐射的动力作用

越是组织密集的电子，需要外界干扰的能量就越大，能量的提供形式一定要由单个量子来完成，因此量子的能量与辐射波长成反比，能量越大，波长越短。一个密集的组织，所适合的只有短波长辐射扰动。

举例来说，一艘船只，驶进了波涛汹涌的海域，它的船身的长度与波浪的长度接近的时候，船只就会有危险，乘客也会不舒服。短波会影响船身短的船只，长波会影响船身长的船只，波峰越长对越短的船只影响就较小。可能这个比喻对于辐射来说并不是很确切，因为使电子结构解散的辐射波长是电子结构大小的成百上千倍，粗略地来说，可以这样认为，一个电子结构，只会被波长是它本身大小大约 860 倍的辐射干扰，而且，波长只能把在这一范围内的辐射解散。总之，蓝光会影响金属摄影板，红光则不会，原因是：蓝光的波长短于银氯分子直径的 860 倍，而红光的波长长于银氯分子直径的 860 倍。

一个原子发出储存的能量所释放的光的波长，跟它最初吸收的光的波长一样，这两个量子能量就会相同，波长也就相同。同理得知，任何电子结构释放的光的波长，都可能是电子结构大小的 860 倍。因此，主要由原子释放的、常规可见光的波长，约为原子直径的 860 倍。其实，我们之所以能看见那部分光只因为可见光的波长可以使光在视网膜上运动。

原子最外部的电子受到了波长辐射的干扰。破坏性更大的则是较短波长的辐射。如：X 射线可以把原子结构内部更为复杂的电子环扰乱，如 K 环、L 环。短波辐射的威力更大，它还能扰动核中心的电子、质子。就像原子本身一样，因为原子核是由正电荷组成的，所以除了辐射波长这一点有很大差别，原子核肯定会做与加在它上面的辐射相似的运动。艾丽丝和其他人发现在放射性元素镭原子的裂变过程中散发出的 γ 射线的波长为 3.52×10^{-10}、4.20×10^{-10}、4.80×10^{-10}、5.13×10^{-10} 和 23×10^{-10}（厘米）。可见波长是这些波长的十倍，原因是原子是整个原子核大小的十倍。这种波长的辐射，在再次排列镭的原子核中起了很大作用，就如，波长是这种波长的 10 万倍的辐射，对再次排列氢原子也起着很大作用一般。

由于原子吸收或放出的辐射波长越长，量子的能量就越小，然而，能使原子"运转"、能量是它 10 万倍的量子一定能使原子核"工作"，这些是相似的。如果氢原子是一台我们以前文章中列举的投币机，那么，只要是少于 500 镑的钞票，都不能让放射性原子核运动。虽然试验还不能确切地证明，但放射性原子核像氮原子核和氧原子核一样，有被密集的撞击所分解的可能性。若真如此，那么每一个进行碰撞的粒子都会给撞击运动带来动能，这个动能至少相当于上述辐射的量子的能量。不过这要求粒子以极高的速度运动才能发生。当物质的温度到了极限，就会产生更多的高速运转颗粒以及高能量量子。

热力辐射

我们在生活中提到的红热和白热指的是：当物质的温度升到某一程度的时候，各自分界处发出不同的红色和白色两种光。通过加热可以把碳丝灯和灯丝变成红热，汽灯中的灯丝加热会导致黄热的出现。这些并不需要详细解说。同理，若碳在 3000℃释放红光，钨或其他物质在相同温度下，也会同样释放红光。对于辐射的其他颜色也相同。故而，每种颜色、每种辐射的波长都有一个确切的温度与其对应，这个温度就是，在借助分光镜来分析一个热的物体时发散的光的过程中，某些颜色出现最多的时候的温度。一旦快要达到但没达到此温度之前，上述波长的辐射会增加；如果低于这一温度的时候，辐射是看不到的。

我们在研究红热与白热的时候，会理所当然地提到 X 射线热或 γ 射线热。更短的辐射波长所适应的温度则更高。因此，某一物质在被我们加热的时候，它释放的光的波长会越来越短，并且依次组合排列放射出彩虹的颜色——红、橙、黄、绿、青、蓝、紫，虽然我们不能在实验室中完成这样的试验，但大自然已经在恒星之中为人类完成了这一测试，彩虹就是最好的证明。

热效力

我们已经了解到，短波辐射能够干扰不大的电子结构。把条件设定为短波和高温相结合，那么，干扰结构所需要的热量就会随着电子结构的变小反而增大。如果我们计算在热量的影响下第一次分解时的温度，就可以根据一个固定大小的电子结构而计算出。

例如，一个直径约为 4×10^{-8} 厘米的一般原子的第一次分解时的温度。或者说，当波长 0.000 06 厘米的黄光只是和 4 800 摄氏度的高温结合，这个温度表示平均"黄热"。当温度低于 4 800 摄氏度，只有人为的情况下才会出现黄光。恒星和其他物体自行放出黄光的温度一般都会在 4 800 摄氏度的时候才会出现，而运行轨迹就会出现在光谱的黄色区域，原因是，黄光可以移动钙原子中最靠外部的电子和与之类似的元素。当接近但还没到 4 800 摄氏度时，原子中的电子开始被扰动。这个温度在地球上是不可能出现的，因此，陆地上的钙原子大多都是最低能量且静止存在的。

再比如这个实例：铀在转变过程中辐射出的最短波长约为 0.5×10^{-10} 厘米，与极高温度是 58 亿摄氏度的情况相符合。当温度接近但却没有达到这个数值的时候，放射核的组成部分会进行自我二次排列，和同温度达到 4 800 摄氏度时钙原子的组成部分会自己重新排列一样。这就充分解释，为什么地球上任何温度都不可以进行加速变化，在抑制放射性裂变的过程中不能起到决定性作用。

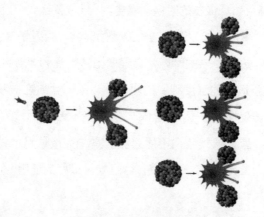

图 20　铀原子裂变图

辐射的动力作用

波长(单位: 厘米)	辐射本质	对原子的作用	温度(绝对温度)	发现地点
75×10^{-18} 到 3750×10^{-8}	可见光	扰动最外部电子	3850℃到 7700℃	恒星环境
250×10^{-9} 到 10^{-8}	χ 射线	扰动内部电子	11.5 万℃到 2900 万℃	恒星内部
5×10^{-9} 到 10^{-9}	软 γ 射线	扰动内部电子	5800 万℃到 2.9 亿℃	稠密的恒星团中部
4×10^{-10}	镭B的 γ 射线	扰乱原子核的排列结构	7.2 亿℃	
5×10^{-11}	最短的 γ 射线	——	58 亿℃	
1.3×10^{-13}	高穿透力辐射	消灭或产生质子，并没有电子伴随	22000 亿℃	

　　"辐射的动力作用"表说明了能使各种原子变化所必要的辐射波长。最后的数据显示出了相关温度和目前我们所知的这些温度的不同之处。后面这几条率先研究出的成果将在第五章详细解释。这个地点以外，在温度大大低于表格最后一栏所给的温度范围的位置，上述变化不会受到热的影响，只可能独立地变化。所以这只是个单方面过程。

　　若辐射能使原子"投币机"工作，而且它的波长不是很短，那么，不从四周辐射中吸收能量的原子，就会连续滑入较低能量的状态当中。

高穿透力辐射

现在，我们通过推算得知：γ 射线波长最短，但上页表格的最后一行却指出，另一种辐射的波长也许只有 γ 射线波长的 $\frac{1}{400}$。

1902 年以后的一段时间内，柏顿、卢瑟福、库克、科尔赫斯特和麦克兰纳、密立根等这些研究者，发现地球的大气层正被一种比 γ 射线具有更高穿透力的辐射穿过。通过向高空释放气球，科尔赫斯特、密立根以及鲍恩先后发表看法，在高空这种辐射更加紧密，从而说明了，它是由外而内进入地球大气层的。如果辐射来源于恒星以及太阳，那么地球上接收的辐射的主要部分就来自于太阳了，而且白天的辐射要比晚上密集。但事实并非如此，所以恒星根本就不可能会有辐射运动到这里，而是来源于星云，或是不同于恒星的其他宇宙团，密立根坚信这种辐射来源于银河系以外。

这种辐射量非常大。就算是在辐射最小的大海表面，密立根和金马伦所观察到的辐射，大约使每立方厘米空气每秒分解出 1.4 个原子。我们或许并不知道，辐射在我们人体内，每秒会分解出成百万的原子，这对我们身体有一定的生理影响。地球上所能接受的辐射总能量，大约仅仅是其他恒星吸收到的总辐射量的十分之一。这并不说明，有 10 倍于宇宙的光和热辐射到了地球。若辐射产生在银河系之外的区域，那么，地球所能从之得到光和热的恒星，与地球的距离一定是非常近的，所以辐射高并且穿透力强的则产生在更远的区域。如果按照整个宇宙和星云当中的空间平均值说来，那么高穿透力辐射也许比恒星的光和热要多很多，因此，可以说这种辐射形式，是整个宇宙最丰富的一种。

目前，它是科学家发现的最具穿透力的辐射形式。普通的光都不能穿透金属或固态物质，只有一小部分能通过特别薄的金片显露出来。因为只有具有非常短的波长和高能量子，射线才能透过只有几毫米薄的金属或者所有的导体。镭 228 的 γ 射线能穿透几英寸的导体，穿透力最高。穿透力最强的辐射能够通过 16 英尺的导体，刚刚我们谈论的辐射都具有很强大的穿透力。

我们仍不能确定，辐射是 γ 射线的本质还是像 β 射线一样的微粒的本质。或许是两者的混合吧。辐射的穿透力大大超出了任何一种我们所知道的 β 辐射。因此，如果它真的是一种微粒，那微粒运动的速度肯定几乎等同于光速。

辐射如果至少有一部分是 γ 辐射的话，也许，我们就有可能从穿透力上确定辐射的波长。最近，人们对于这种关系才开始进行不同的探索。现在最新的理论由克莱因和仁科芳雄提供。这个理论比以前的理论更精确和完全。这一理论说明：穿透力最强的辐射的某一部分，波长也非常短，仅仅有 1.3×10^{-13} 厘米。

或许我们用基尔霍夫辐射定律会得到最清楚的概念：它说明辐射会分解仅仅 10^{-16} 厘米左右的电子结构。甚至由电子、质子组成的结构都没有这个电子结构小。由于单个电子的半径大概为 2×10^{-13} 厘米，一定波长的辐射能够自己分解质子和科学上目前所知道的最小并且还是最密集的结构。

如果我们站在另外的一个角度来考虑这个问题，数据已经说明了一些问题，此种波长的辐射量子肯定会有和 0.0015 尔格差不多的能量，质量肯定是 1.7×10^{-24} 克。物理学家们会立刻懂得这个质量，因为由于经过最精确的测量测定，氢原子的质量是 1.662×10^{-24} 克。高穿透力辐射的量子的质量和能量可能亦是如此，此种能量和一个完整的氢原子瞬间变化时释放的全部能量相当。

难以想象，地球接收的高穿透力辐射来源于氢原子的消失过程中。如果没有其他因素，宇宙中也许就没有足够的氢原子，这个假说也就不会成立。难以推算，地球把接受的高穿透力辐射，在产生氢原子的过程以及消失过程中。氢原子由一个质子和一个电子组成，它的质量大约等于宇宙中组成任意一个原子的质子和中子质量的总和。故此，高穿透力辐射的量子具有波长以及能量，这个发生在于任意一个原子中的质子和电子，不管质子和电子是结合还是一个被其他的消灭掉以后。已知的是，不一样类型的原子质量和氢原子量的倍数非常接近。更确切地说，它们的变化是分等级的，任何一个原子量都大约相当于单个氢原子的质量的整数倍。高穿透力辐射的量子的质量相当于任何一个阶段质量的变化数量，所以，无论是什么阶段，只要原子量的逐步下降，所带来的变化都可以产生量子。依据我们所了解的知道，在大部分条件下，如果质量减少的情况是在质子和电子融合的过程中产生的，结果一样，两者任何一个都不能保留。

这种说法似乎背离了最有可能的辐射源，正是因为关于所谓的辐射源的说法并不是就这样一种说法。例如，汞的原子序数是 80，原子量为 200.059，它也是同位素最多的一个，它的组成部分由 80 个质子、120 个中子以及 80 条轨道电子。卢瑟福曾发表言论说，在由 80 个质子和 80 个电子迅速组成这样一个原子的过程中，会减少大约有 1.5 个氢原子的质量。如果这个结合成为原子的过程，变化是一起产生的，那么，非常大的能量和游离的能量就会按照单个量子的方式释放出来。这种量子的波长比观察到的高穿透力辐射的波长还要短，就会有更大的能量释放。密立根还曾经表明：作为辐射源的是由简单成分组成的复杂原子的结构。一旦克莱因—仁科所说的理论是对的，那么按照密立根提出的结论，极短波长的辐射是不会存在的。

如果我们仅仅从物理现象上来看，虽然这种可能性不大，我们还是不能忽略它。结构复杂的汞原子有 400 个组成部分，而且让人无法相信的是，当巨大的辐射能量被散发的时候，全部的组成部分可以被瞬时碰撞，变成一个全新结构的原子。假设原子本来构成的部分很简单，这种聚集会在不同阶段发生，辐射会在很多较小的量子中间出现，而不是在一个特别大的量子中心。可是，这并没有解释，为何推算出来的辐射量子的质量和已知的氢原子量相同。正因这些理由，让科学家们都偏爱对自然界较简单的假想。

第三章
探索时间

我们用能量均分、物质毁灭等理论探索地球的年龄和恒星（包括太阳）的历史。调查表明，地球上取得的高穿透力辐射来源于外层空间物质的毁灭。

对于宇宙的探索，望远镜已经达到了力所能及的最远端。通过上一章我们了解到"原子"这一构成天地万物的最小结构的复杂性。现在大家是不是也想对时间多一些深刻的了解呢？人类个体的寿命和人类社会的发展史的文字记录时间都太短，所以对于我们要探索的时间来说没有太大的帮助。我们必须找到更久远的目标来探测已逝的时间的长度，这样才能探索未来。

我们用的方法是地质学研究所经常使用的。地质学家们就算没有直接的历史证据，但是毫不灰心，他们坚信，生命在地球上已经有数百万年了，凭借在沉积层中发现了留有生命迹象的化石，他们推测，这种沉积物已经过了数百万年的积淀。当他们往地下更深处探索、并持续不断地通过各种不一样的地层时，这种对时间的探索，就像是一个在地球表面旅行的地理学家在探索太空一般。天文学家也可以利用一种类似的方法。我们了解了一些天体的作用、特征，也可以说是性质，这种特征显示了不断的积累和减少。我们可以依此推断出现在正在发生的所有事物增加或减少的速度，应该也能估算出过去广泛存在的不同条件下，各地必定发生过的各种物质增减的速度。虽然这也许仅仅是数学的问题，可是已经消逝了的时间就是一种更加复杂的数学知识。

地球的年纪

在对地球的年龄问题进行考究时，有一种很好的验证方法从中获得了肯定。1715 年，天文学家哈雷对地球年龄进行了第一个接近真实的科学探索。每天，河流都会带给海洋一定量的水，这些水中含有少量溶解了的盐的成分。水会蒸发并且在一定的时间内又重新回到到河流当中；盐既不会蒸发，也不能返回河流，到了最后海洋里的盐量就会不断增多。

图 21 埃德蒙多·哈雷雕塑

哈雷颇乐观地说："因为海洋的含盐量，表现出来的是，盐一直在不断聚积时间的长度，这就给我们提供了一个论点，用来推算出所有事物形成的时间"。

虽然这一论据并不能让我们准确地估计出地球的年龄，但依据相关数据计算，地球的年龄一定有数亿年了。

我们能够由雨水洗涤而成的沉积层中获得更有价值的证据。每个自然年过去，地球层都要重新调整。比如，去年还在丘陵或高山坡上的泥土，而今雨水就会把这些泥土冲到河底，并被一点一点地带进海里。相关数据表明，每年，仅泰晤士河就将 100 万至 200 万吨的泥沙带到海里。如果按照这样的速度持续下去，英国未来可以在世界上存在多长时间？而过去的时间当中英国已经持续了多久呢？人的一生当中，我们已经看见过海岸线周围有大量的陆地，部分已经坍塌，有的冲刷至与海平面相平，有的沉入大海。像尼德尔斯这样的地貌和怀特岛南海岸线的一大部分，将慢慢地在我们眼前消失。地质学家能用这些数据，估算出类似的变化过程发生的速度，因此，我们也能估计出沉积层达到目前的厚度所用的时间。

阿瑟·霍姆斯教授给出了这样一些数字：

前寒武纪　　　至少 18.0 万英尺

古生代　　　　18.5 万英尺

中生代　　　　9.1 万英尺

新生代　　　　7.3 万英尺

有了这些，我们就能大致了解这些沉积层的沉积速度。三千多年前，埃及自从拉美西斯二世法老统治时期开始，孟菲斯市的沉积物就以每 400 至 500 年 1 英尺的速度沉淀，现在的挖掘者们必须深探到 6 米甚至 7 米的位置才能到达那时候的埃及地表层。时至今日，估计北美的剥蚀速度为每英尺需 8600 年。依据如此，对大不列颠的推测为每英尺 3000 年。地质层沉积的平均速度如果是每英尺 1000 年，之前说明的一共 52.9 万英尺地层将需要 5 亿多年；如果按照每英尺 4000 年的速度沉积，需要的时间估计是 21 亿年。

我们把这种估计地质时间的方法叫做"地质沙漏"。我们注意到被冲走沙子的数量，还有被冲时的流速，我们就能推算出从开始到现在的时间。这种方法不足以让人们彻底信服，因为我们不能保证沙子每分每秒的流速都是相同的。地质方法足以表明，地球一定是存在几亿年了，但想要知道地球的更准确年龄，必须运用更确凿准确的物理和天文方法。值得庆幸的是，上面我们所论述的放射性原子提供了一个完美的钟表系统，所以，它的百年误差比一根头发丝都小。

经过一定的时间以后，我们观察到 1 盎司的铀可以分解成 0.865 盎司的铅和 0.135 盎司的氦。分解过程一定是以自主形式的，在浩瀚的宇宙中，没有哪种已知的物理力量能使其裂变过程有任何微小的快慢的变化。我们一起来看下面这个展示其进展速度的表格。

1 盎司铀的衰变史

最初	1 盎司铀	没有铅
1 亿年后	0.985 盎司铀	0.013 盎司铅
10 亿年后	0.865 盎司铀	0.116 盎司铅
20 亿年后	0.747 盎司铀	0.219 盎司铅
30 亿年后	0.646 盎司铀	0.306 盎司铅

如果我们有朝一日可以测定出它形成的铅的量，同时也能测定所剩的铀的量，那么这为数不多的铀就算是一个完美的时钟。当最初地球为固体的时候，铀有很多被封锁在岩石的碎片中，此时，我们就可以用它算出地球的年龄。虽然我们无权设定所发现的所有的铅都与放射性组合所形成的铀有关。但万幸的是，由铀的分解已形成的铅和一般的铅有不一样的地方：后者的原子质量是207.2，前者的原子质量只有206.6。所以，对于放射性岩石标本的化学分析，无论任何一种都准确地指示出两种不同铅的数量。由放射性裂变所得到的铅的量与现有的铀的量的数据为我们解释，一直在进行的裂变过程的准确时间。

说到最后，所有对岩石标本的测试都是同样的答案，同时还发现 14 亿年前或更久远之前地球固化以后放射性钟就开始计时了。从放射性钟里我们并不能推算出来，在这以前地球已经有多少年是这种可塑状态或液态了，因为，最早的形态中裂变的产物往往是彼此分离的。

最近，阿斯顿发现了被称做射线铀的铀的同位素。原因是它们的衰变期是不一致的，两种元素的相对数量也在连续变化中。根据目前地球上残存的物质的数量比例，卢瑟福已计算出地球的年龄可能不会大于 34 亿年，不过原则上地球的年龄可能要短得多。

下面解释的是，从地球固化初始状态到目前的时间的两种物理推算：

利用原子钟计算的地球的年龄，第一：按放射性岩石中铅与铀的比例确定的时间大于 14 亿年；第二：从铀与射线铀的对应量确定的时间不到 34 亿年。

自从发现太阳系后，我们用各种天文学方法来定位时间。在天文学当中，"钟"

是由不一样的行星和卫星，同时也是它们轨道的形态供应的。这种轨道变化速度是不同的，仅仅是因为它们的变化由已知的定律决定，故此数学家可以根据以前的状态计算出所影响的变化的速度，并且，根据计算总数就能估计出需要多长时间才产生了现在状态。

H·杰弗里斯博士发表了利用天文钟计算太阳系的年龄，第一：利用水星的轨道来推算太阳系的年龄是 10 亿到 100 亿年；第二：利用月球的轨道粗略地推算太阳系的年龄是 40 亿年[①]。

就算这些不一样的数字不能让我们精准地推算出地球的年龄，可是它们皆表明，估算地球的年龄必须要以数十亿计。如果我们真想用一个近似的数字来确定地球年龄，最接近事实的大约是 20 亿年[②]。

恒星的年纪

让我们在此时来研究一个更复杂的问题，恒星的年龄。

很显然，我们没办法用一种简单明了的方法去判断，这需要从距我们现实目标很远的地方开始。准确地说，我们要从宇宙的另一端开始，探讨气体的本质。

平均分配气体中的能量

大家可以把气体想象成飞来飞去的分子子弹，这些子弹向四面八方发射，某些时候相互之间撞击后就会改变各自的方向和速度。我们已经了解到，撞击并没有减少运动的总能量。如果说在撞击中，一个分子的速度受到了制约，它所丢失的能量就会被另一个分子吸收，并使吸收了能量的那个分子速度增加，发生碰撞的两个分子的运动总能量依然是保持不变的。

我们可以想象到，当有一颗相当重的炮弹进入子弹纷飞当中时，它的速度大约相当于子弹的平均速度，炮弹的能量与它们的质量和速度的平方是成比例的。

---

①目前最新数据是 50 亿年左右。

②目前最新推测数据是 45.5 亿年左右。

图 22 子弹装填火药的多少是测量子弹运动能量的指标

由于子弹要比炮弹轻很多，所以相对来说炮弹的能量也比子弹的能量大很多。如果一颗炮弹的质量等于 1000 颗子弹的质量，它的能量就是一整颗子弹的 1000 倍。

不过这颗重炮弹不能长时间里一直保持相同的速度在较小的同伴中飞驰。首先，它遇到的是大量小子弹的正面撞击，甚至是没有子弹从后部射击的，因为它们的运动速度相同，所以从后部袭击是不太可能的事情。在这之外，就算是它们真的从后部偷袭，这对于大炮弹的创伤也是微弱的，因为小子弹的速度想要超过大炮弹是很困难的。然而这颗大炮弹的正面会遭受很大的影响，小子弹的任何一次撞击都能使大炮弹的速度降低，并且使其能量减少。假设每次碰撞都是弹性碰撞，所有的运动的总能量维持不变，因此当大炮弹失去能量时，小子弹就会得到大炮弹所消耗能量而变得更强大。

相互交换的这种能量，能延续到大炮弹的能量全部消耗并完全进入静止形态吗？这个问题就留给我们伟大的数学家来解决吧。麦克斯韦在 1859 年时找到了一个十分精准的数学答案。大炮弹的能量并没有完全耗尽，在速度减慢时，大炮弹的能量会一直减少到本身能量与子弹的平均能量一样为止。因此，碰撞后大炮弹的能量，相当于小炮弹平均能量的值。

麦克斯韦和他的学生再次表明：不管一种气体中有多少种分子相结合，不管这些分子的质量相差多少，它们不断的撞击，最终会形成一种状态；在这种状态中，任何一种分子，它们的平均能量都一样，这就是我们都知道的能量均分定理。但这并不表明在任意时间所有分子的能量都非常接近。显然，物质的这种状态不能永久停留，因为任何一次碰撞都会打乱这种状态。但总体来说，一个分子在一秒钟里，至少会发生 1 亿次撞击，但无论什么不一样的分子，它们的平均能量都是一样的。

同理，空气由不同形式和不同质量的分子混合而成，氦分子较轻，最重的是氮分子，一个氦分子的质量是每一个氮分子的七分之一；再重一点的就是氧分子，每一个氧分子的质量相当于氦分子的 8 倍。根据定理我们了解到，在提供选择的两种形式中，哪怕是氦分子质量很小，但是在任何瞬间，它们的平均能量刚好相当于氮分子的平均能量，而这两种平均能量又分别与氧分子的平均能量一样。质量较小的分子是利用它们高速的运动来补足的。这种解释在任何其他混合气体中都适合。

1846 年，格雷厄姆通过观察各种不相等气体的分子从孔口进入器皿的速度，测定出了它们运动的对应速度，对各种不同类型的分子的平均能量全相等进行了论证。比这更久远时，莱利斯和其他人虽然还不完全懂得其基础理论，但已经利用这种方法测定出不同分子的相对质量。所以，人们可以把它当做是一个已经成立了的自然定律。也就是说所有分子和其他同类分子的能量是相同的。气体对于分子的运动能量形成了一个完好的组织共享，其中，分子平等地均分相互的能量的定律。

在一些细微的变化当中。此定律也在液体和固体当中适用。其实，我们可以假设，把炮弹发射到了分子弹雨中，并观察它们即将产生的现象。比如说，人们把几种谷物的细粒粉末，撒在藤黄或石松纲这两种植物的种子上，让它们在气体或液体的普通分子中，起到了超级分子的作用。我们用一个高倍显微镜会观测到，这些都是运动中的超级分子，当它们受到更小的、看不见的真分子的撞击时会进行一阵强烈运动。它好像在探索整个世界。这表明，随着时间的消逝，它们的运动速度并没有显现出减弱的意思。这些运动叫做"布朗运动"，这个名字是以罗伯特·布朗的名字命名的，因为他是第一个在植物的树液中发现这一现象的植物学家。刚开始的时候，布朗把这作为受其影响的小粒子存在生命的证据。但是在他发现蜂蜡的粒子也有同样的运动时，就对这种解释表示了否定。在这秘密的令人惊奇的实验中，布朗还发现了，小的固体粒子在受到空气以及别的气体的分子撞击时的布朗运动，并且十分准确地推算出这种气体中分子的质量。

平均分配恒星的能量

我们继续研究恒星。能量均分定理不仅在气体、固体和液体的分子中使用，也同样适用于恒星。这些数学的推理过程适用于任何物质。所以，一个已被证实的适用于最小的原子的定理，对于恒星也是一样的，不会由于从微观世界到宏观世界的转变而受到影响。

令人不可思议的是，如此简单的条件情况下，能量均分定理能产生如此广泛的结论。事实上，它只是一个连续定律和一个因果关系。换言之，无论体系在任何瞬间的状态，一定是按照前一瞬间状态而发展。所以在分子、在恒星或在正在研究中的别的天体中，无论什么状态都是有规律的。总之，就算大量的观测证据证明了，能量均分定律在普通气体中保持着非常精准的相似数值，但是，基于现在物理基本定律的复杂状态，我们不能完全确定，在分子问题上这些简单的条件能够全部得到满足。

另外，毫无疑问，万有引力定律决定着恒星的运动。恒星的相互吸引是因为一种力，这个力与它们当中距离的平方成反比，这便是牛顿的万有引力定律。但是，无论是使用牛顿定律还是使用爱因斯坦定律，对于我们要达到的目标并不是很重要。其实用这两个定律来证明有关恒星的问题，结论是相同的。经过对双星轨道的观察，很多的证据证明，两个定律都是适用的。对于这个问题来说，明显地推测出，恒星的运动是由两个引力定律支配，还是由其他十分相似的定律支配。仅万有引力定律和推测就足够证明，能量均分定理也适用于这些运动，不需要对原有条件作仔细说明了。

清楚地了解定理运用于恒星时的精确度是非常重要的。虽然并没确认所有恒星的能量都相等，也没有断定天空中的巨型恒星与小型恒星的能量相等。但它确认了：假如我们把各种类型的恒星混杂在一起，在天空中散布着，在它们相互作用的时间足够长以后，那些以较多能量开始运行的恒星，会把它们多余的能量传递给以较少的能量开始运行的恒星。因此，从长远来看，不管什么类型的恒星，它们的平均能量必然都会一样。

分子间的彼此作用，是通过冲撞这一方式进行的，每个分子大约发生 8 ～ 10 次的碰撞，就会产生能量均分，得到一个几乎准确的数值。通常在空气的普通状态下，这只需要大约亿分之一秒。

关于恒星，我们研究的时间长度完全是不一样的。恒星发生撞击的时间差是数千万亿年。如果恒星实际是在发生撞击后才再次分配它的能量的，我们就能因此估算出，每颗恒星都在经过了 8 到 10 次的碰撞之后，才能得到能量均分的近似值，这期间需要的时间是很长的，其实也是没有太大的必要。因为在相隔遥远的恒星之间，超级大的引力甚至比少有的直接冲撞能更有效、更迅速地进行能量分解。当两颗恒星的运行距离接近时，相互都会把对方排斥到远离轨道一点，同时，两颗恒星的运动方向和速度都会发生改变。这主要取决于，恒星运行时相互之间的距离远近。简言之，恒星之间的每次接近都会导致一次能量交换；经过充分的时间后，在它们之间重复发生的能量交换，会使它们彼此的能量相同，通常不考虑它们质量的不同。

现在，已经逐步进入了关键问题：就是不同质量的恒星以各自的平均速度运动，原因是它的平均速度，在恒星中间能量均分已基本实现，虽非绝对准确，但已相当近似。

恒星之间需要作用多长时间才可以达到这种形态呢？这是一个非常重要的问题，原因是它和恒星的年龄有很大关系。

恒星的速度

我们已经了解了确定双星系恒星的质量的方法。太阳质量是其质量的 1% ～ 5% 之间。推算出双星的运动速度和测定单星的运动速度方法是相同的。1911 年，哈勒姆在这种测定经验积累的基础上指出，恒星越重，其运行的速度越慢。他观测到，知道的最重的恒星与最轻的恒星的运动能量几乎一样。恒星的高速度运动正好弥补了较轻的质量，这表明恒星的速度就如同气体中分子的速度一样，这充分证实了能量均分定律。也可能这是在宇宙中的一种布朗运动。

恒星运动中的能量均分

恒星的类型	平均质量M(克) 19.8×10^5	速度C(厘米/秒)	平均能量 $\frac{1}{2}MC^2$ （尔格）	相应温度 （摄氏度）
光谱型 B3	12.9×10^5	14.8×10^5	1.95×10^{46}	1.0×10^{62}
光谱型 B8.5	12.1×10^5	15.8×10^5	1.62×10^{46}	0.8×10^{62}
光谱型 A0	10.0×10^5	24.5×10^5	3.63×10^{46}	1.8×10^{62}
光谱型 A2	8.0×10^5	27.2×10^5	3.72×10^{46}	1.8×10^{62}
光谱型 A5	5.0×10^5	29.9×10^5	3.55×10^{46}	1.7×10^{62}
光谱型 F0	3.1×10^5	35.9×10^5	3.24×10^{46}	1.6×10^{62}
光谱型 F5	2.0×10^5	47.9×10^5	3.55×10^{46}	1.7×10^{62}
光谱型 G0	1.5×10^5	64.6×10^5	4.07×10^{46}	2.0×10^{62}
光谱型 G5	1.4×10^5	77.6×10^5	4.57×10^{46}	2.2×10^{62}
光谱型 K0	1.2×10^5	79.4×10^5	4.27×10^{46}	2.1×10^{62}
光谱型 K5	1.2×10^5	74.1×10^5	3.39×10^{46}	1.7×10^{62}
光谱型 M0	77.6×10^5		3.55×10^{46}	1.7×10^{62}

自那时起，我们收集了大量的观测数据。西尔斯博士在1922年时经过深入的调查和研究恒星的运动，发现恒星间已达到极其相似的能量均分。这一点人们确信不疑。

这些不同的恒星的平均质量相差非常大。恒星运动的变化表明了一个真正的近似值，恒星运动的改变证明了一个真正的近似值，甚至非常近似于能量均分乃至非常近似于能量均分。在这里我们思考一个问题：能量近似均分，有没有其他原因，而并非长时间连续的引力作用呢？后一个能动作用，无疑是令它产生的原因。还有其他因素能产生类似的结果吗？我们来看表格的最后一项里，它表明气体需要达到的温度。这个温度，用来使每个分子都像不同类型的恒星一样具有相同的能量。这很可能是错误的。一个有100亿亿吨重的恒星，在太空中以每小时 100 万英里的速度运动；那么我们开始探研这个问题：气体需要达到什么温度，才能使其每个分子具有跟恒星相同的运动能和破坏能？而这是不是一个严肃认真的问题呢？这一计算不可否认是荒诞的，因为它导出了一个荒诞的数据，例如观测到的能量均分是由某种物理作用，像辐射压力，就是由分子、原子或速度极快的电子辐射导致，这个运动作用必须具有最后一栏中给出的温度和这一温度的物质均匀的前提条件。这些温度大约是 10^{62}℃。我们可以确定地说，自然界中不存在这种温度。因为对观测到的能量均分，用物理方法得不到论证，所以这是恒星之间引力作用的结果。因此，恒星的年龄就是，由引力导致的一个与观测到的相同的恒星能量达到均分的近似值所需要的时间长度。

现在，对时间长度进行的计算，到了一个复杂的但也不难处理的问题。我们有所需要的数据，在前文有关气体的理论中，我们已知道了计算方法，所以数学家能够给我们提供一个可靠的准确的答案。不过即使没有数学家的帮助，我们也能明白，这个时间非常漫长。

先不考虑实际数字，我们可以用在第一章里所建立的"比例模型"这一术语来思考。因为所用比例太小，所以恒星被缩小成微小的尘粒。由于太空恒星非常稀少，模型中我们一定要把尘粒放置相距 200 码。如果把模型具体化，会发现，就算在只有 6 颗尘粒的滑铁卢车站，其灰尘密度也超过太空中恒星的密度。为了体现恒星的运动，我们让模型动起来，要保持适当的比例，必须把恒星的速度减小到与模型线性尺寸的比例相同。现在，地球每年环绕太阳运行的 6 亿英里已缩小到了直径大小为 $\frac{1}{16}$ 英寸。根据恒星在太空的运行速度与地球在其轨道上的运行速度基本相同这一点，能推测出，模型中的每一颗尘粒的年旅行速度大约是 $\frac{1}{5}$ 英寸。5 年以后，每颗尘粒大约移动了 1 英寸，1000 年后，大概是 16 英尺。这个速度等于蜗牛速度的千万分之一。如果两颗尘粒相向而行，它们需要大约 2 万年才能见面。在滑铁卢车站混乱地运动的 6 颗尘粒，按照这个速度，每一颗尘粒与另外的尘粒见面需要多长时间呢？

数学家对恒星的真实重量、速度及距离进行了准确研究，发现已经计算的

能量均分的近似程度，证明了引力的彼此作用，已延续了数万亿年，确切地说很可能是 5 万亿至 10 万亿年。这一定就是恒星的年龄。

这么长的时间，你是不是感到很吃惊呢？但在我们接受之前，还可以从另一方面寻找证据来更准确地证实。在对地球的年龄进行推测时，我们使用了各种钟，包括天文、地理、物理，值得欣慰的是，它们的结果相同。

双星系统的运行轨道

我们已经讲过双星系统的两个子星永久相互环绕着封闭的椭圆形轨道运行的方法，任何一个子星都不能脱离其附属星的引力作用。能量存在于这些星系的轨道运动中和太空运动中。数学分析准确的表明，一个从它们旁边经过的恒星，长时间、持续不断的引力的作用，不论是在两个恒星的运动能之间，还是在每个双星体系各种轨道运动当中都能产生能量均分。当最后到达这种能量均分的形态时，各恒星的运行轨道并不完全一致，但也足以说明，它们的轨道形状将

图 23 美丽的双子星系统

根据一个非常明显的统计定律进行分布。不过目前还没有发现符合这个规律的星系运行轨道。很明显，就恒星的轨道运动而言，它们存在的时间还不完全能够使它们达到能量均分。

其实所有的天体都处于围绕一个轴心运动的状态。木星每10小时自转1周，地球每24小时围绕地轴自转1周。太阳自转的周期在日面赤道带为26天左右。我们可以根据环绕着太阳赤道运动的太阳的光斑、黑子以及其他特点来测定。还有推论认为，如果太阳中心的旋转速度更快，太阳的自转周期会更短。可能天空中所有另外的恒星也都在自转，只是速度不同。一颗恒星随着年龄的增长，体积可能会缩小，总之，缩小后会加快自转的速度。

通过望远镜，我们能看到以一对光点出现的双星，这可能有不同的起因。它们最初以星云气体的凝固体形式出现，这两个凝结体相距很近，彼此都不能摆脱对方的引力，最后缩小成一般的恒星，而引力保持和以前一样大，于是，只剩一对需要永远相伴进行太空旅行的双星，因为它们没有足够的动能脱离对方的引力束缚。这样作用产生的双星与单星分裂形成的双星除了大小其他条件极其相似。这个双星系统中两个子星的距离，应该与原始星产生的、相互分离的凝结体之间的距离相差不多，同时又必须比分光双星中子星间的距离大得多。分光双星只在直径上与破裂成碎块的一般恒星的直径相近。这说明了目视双星以两个不同的光点出现，而分光双星却是以一个光点出现的原因。

在能量均分的最后形态中，就像我们已经知道的，运行轨道的形状，依据着一个已确定的统计定律，这个分布定律适用于所有大小各异的轨道。另外，根据能量均分定律，分布所需的时间对于各种轨道来说是不一样的。对于分光双星的紧密轨道来说，所用时间比用眼睛看得到的双星较为开阔的轨道要长很多。因为一个轨道形状的变化，仅仅是由于从双星的两个附属星附近通过的恒星的不等引力引起的。若两个子星位置很近，经过的恒星对它们的引力就会相同。这种引力对双星中两个子星的运动形式，影响也完全一样。最后从整体上使双星系在太空的运动方式上发生了变化，而轨道的形态保持不变。经过的恒星对双星系的运动从整体上起到了控制的作用，但对它们的运动路线没有影响。当双星中的两个子星相距很远时，路过的恒星对子星的引力就会有很大差别，所以它们的轨道形状就会有很大区别，就算是路过的恒星与双星相遇时彼此的距离并不相近，情况是同样的。肉眼能看到的双星的两个子星一般相距数亿英里远，人们再次发觉，确定偏心率的最终分布，需要大约数万亿年，根据这个偏心率就能测定出椭圆形轨道。对于距离很近的分光双星，所需要的时间大概是这个时间的 100 倍。

双星轨道中能量均分的近似值

轨道的偏心率	观测到的分光双星的数量	观测到的目视双星的数量	达到最终状态时理论上要求的星体数量
0 ~ 0.2	78	7	6
0.2 ~ 0.4	18	18	18
0.4 ~ 0.6	16	28	30
0.6 ~ 0.8	6	11	42
0.8 ~ 1.0	1	4	54

首先，来看分光双星，在观测到的路线中，我们发现有优势的是低偏心率，在 119 个轨道中偏心率小于 $\frac{1}{5}$ 的不少于 78 个。或者说，大多数分光双星的轨道几乎都是圆形，理论与观测都说明，当一颗恒星最初分成分光双星时，两个子星的轨道肯定几乎是圆形。表格中，没有提供观测到的轨道形状在整体上有什么变化的证据。表格的最后栏表明，当双星最终达到能量均分时，应当出现的不同偏心率的轨迹的比例。在这里，高偏心率表明，延长了的很扁的轨道占主导地位。

我们来看第三栏。一些目视双星升到理论上的最后状态，但它们不超过 0.6 的偏心率，这个近似值很准确。高偏心率的轨道不多，说明引力还没有足够的时间使全部轨道产生高偏心率。部分确切的这样一个简单事实是：高偏心率轨道不论是凭观察还是精确的测量，都很难测定。

显而易见，对轨道运动的研究，如同对太空的运动的研究一样，针对的是延续了数十亿年的引力作用。每种情况里都有一个例外的"证明规则"，在我们刚刚探讨的情况里，它是由分光双星体现的。这对双星的两个子星距离很近，证实了引力的牵拉作用。前一种情况中，它由特别巨大还很年轻的B型恒星展现，它是来自质量较轻的星体的引力，对星体的运动没有太大的影响。

仔细地讨论这两组证据后，可以确定，恒星的平均年龄大约是在已经表述过的50亿至100亿年之间。

运动中的星团

天空中最容易发现的几组亮星，如大熊座、猎户腰带、昴星团，大体上是由巨星组成，它们同样的有规律、有条理的结构通过一群杂乱的小星，正像一群天鹅飞过混乱的秃鼻乌鸦和椋鸟。而恒星不能像天鹅在飞行过程当中一次次地调整来保持它们的队形。由于它们有规律的结构必然会最终被其他恒星的引力扰乱。质量轻的星体自然是最开始被撞出形态，而最大的恒星在结构中停留的时间最长。这实际上正好是发生在运动中的星团的状况。无论怎样，留在结构中的恒星，其质量经常都大大超过平均数。正像我们能计算出把小星击出结构的时间一样，我们也能立刻推断出那些保留下来的恒星的年龄。

计算结果进一步证实已经说明的一切的结论。我们发现所用的三种天文钟都提供相当准确的时间。总而言之，天文学家们同意将恒星的年龄推测为5亿至100亿年。

后文将从另一方面进行对比探讨，再一次算出和它一样的年龄结果。

地球的年龄没有恒星的年龄大，这可能令人感到有点奇怪。假如我们承认最遥远的星云以特定速度衰退，我们会发觉正是由于星云在以前数十亿年中以目前的速度向我们飞来，才使星云与我们之间处于如今的距离。所以，我们可以推算几十亿年前星云一定是比现在更紧凑地拥挤在一起。这说的自然是从星云诞生到现在只有数十亿年的情况。我们应当等待一个适中的时机，使上面的两个时间至少差别不会太大。

用另一个不同的形式可以说明时间推测的困难程度。数十亿年的时间大概

会使地球发生非常大的变化，并让巨大的星云在太空中的分布也有很大不同。但特别的是这样长的时间对恒星的作用不大。那么我们需要假设一个比上述星龄长 1000 倍的恒星，这样我们才能解释恒星现在的形势。

上述的大概意思是：对恒星年龄的推测应该谨慎，甚至应该持怀疑心理。然而，如果我们不接受，那么将有大量天文现象得不到定论，大量的天文结构也会被弄得不清不楚。我们没有选择的余地，只能接受，并假定实际上恒星已经有了大约 200 亿年。

太阳的辐射

在经过的漫长的岁月中，一直以来，太阳中辐射出的光和热大约都和现在的很接近。事实上存在很多的证据（后面我们会谈到）表明，越年轻的恒星辐射量就越多。因此，一直存活的太阳连续不断地在辐射能量，而且以前的辐射会比现在还要多。

这个问题如果让我们的祖先来思考，可能他们会觉得这些光和热根本没有什么特殊之处。之所以会有这种想法，是因为他们对太阳并没有一个正确的认知。直到上个世纪中叶，能量守恒慢慢地被人们熟知，人们才意识到太阳能的来源其实是科学范畴内一个难解的谜题。

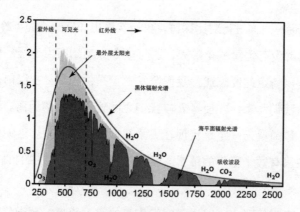

图 24 太阳辐射

太阳辐射是太阳能量消耗的一种体现；能量守恒定律证明，能量不能依赖某种物质产生，所以它一定有一个可以长时间充分补给巨大能量的源头，那么这个宝库到底在哪里呢？

现在太阳辐射有着非常快的速度。如果它的能量来源于一个另外的发电站，那这个电站在一秒的时间里就可以消耗千万亿吨的煤。事实上根本不存在这种发电站。太阳的能源全部来自于其本身。它就像在浩瀚无边的大海上漂着的一只船。如果太阳像这只船那样里面装满了自己的煤；或者如凯特想象的那般，这些煤就是它拥有的所有的物质，煤的燃烧产生了光和热，那么太阳的寿命最多也就是几千年，最终化为灰烬。

根据科学史的记载，有人想要说明太阳能是来自外界。这种理论只出现过这一次。我们已经清楚地了解，一颗子弹的动能在受到抑制后，转化成热能的方式。这方面最具代表性的事例就是众所周知的流星现象。

流星这个天体，就像一颗子弹那样，穿过外层空间落到地球大气层。一个物体穿越茫茫的太空坠向地球，它的速度就会不停地增加。一旦进入大气层，空气就会对其产生阻力，所以它的运动能就会逐渐地转化为热能。流星经历了由变热再到白炽化的过程后，发出了明亮的光。最后，热能让它转化成气体，瞬间消失得无影无踪，只留下一个可以发光的气体的尾巴刹那间闪过。流星原本的动能转化成了光和热，这些光让我们看到了流星，这些热导致流星最终化成气体。

1849 年，罗伯特·梅耶觉得，可能是因为流星或者类似的天体在坠落大气层的过程中，赋予了太阳辐射的能量。实际上这种观点并不靠谱，通过一个简单的计算表明，跟整个地球的质量持平的此种物质，维持太阳辐射 100 年是很困难的。如果让太阳不间断地辐射 3000 万年，其质量就会因为这些坠落的天体而增加 1 倍。太阳的质量一直按照这种速度增加，此种现象是不可能出现的，因此必须把梅耶的假说摒弃掉。

1853 年，亥姆霍兹提出了一个非常相似的理论，便是著名的"收缩假说"。这个假说中提到，太阳所释放出的辐射能完全是因为自身的收缩。如果把太的半径缩短 1 英里，它外层大气的高度就会随之降低 1 英里，所有被释放的能量和相同质量的流星下降 1 英里，或者是阻碍它的运动后因为燃烧所产生的能量一样多。在亥姆霍兹的理论中，太阳每个部分所发挥的作用是因为受到从外部坠落的流星的影响，这一点与梅耶的观点一致。一直以来太阳的各个部分都在充当流星的角色，最后收缩达到极点。不过跟梅耶的理论一样，亥姆霍兹的理论也是经不住数学计算的验证。1862 年，开尔文勋爵将迄今为止太阳的收缩大小计算了出来，辐射时间不可能只有 5000 多万年，有了前面的文字介绍作依据，能够确定的是太阳的辐射时间要比这长很多。

针对太阳能来源这个问题，要想得到成功的讨论，我们必须完全抛弃猜测，从一个新的角度出发。我们知道射线自身是具有质量的，任何一个辐射中的物体，质量都会有所耗损；已知的是，一个 50 马力的探照灯所释放的辐射，会让其自身的质量大概以每百年 $\frac{1}{20}$ 盎司的速度减少。看上去这种质量的损耗很小。我们把太阳表面积的平方英尺总数加起来再乘以它，就能计算出太阳的质量损耗速度是一秒钟 400 万吨以上，或者是一分钟 2.5 亿吨左右。这个速度大约是尼亚加拉大瀑布水流量的 650 倍。

有关太阳和恒星的历史，我们一直都在不停地做乘法运算。一分钟 2.5 亿吨，一天当中损耗的质量就是 3600 亿吨。因此，现在的太阳比昨天的太阳要轻 3600 亿吨，比明天的太阳要重 3600 亿吨。每天 3600 亿吨，那一年的时间就是 3600 亿吨 ×365。按照这种方法，我们推论过去和探索未来就有了依据。不过我们很快就发现这很麻烦，它把我们前面的所有计算都打乱了。沙子流过沙漏的速度并不是一成不变的。太阳质量的流失速度，在今天或明天，甚至 1 个世纪或者 100 万年当中的变化都不会很明显。可我们必须注意，不要走得太远。如果太阳的辐射速度保持目前这种状态，它持续存在的时间会是 15 万亿年，这可以通过一个简单的除法计算得出。到最后，太阳会失去最后 1 盎司的质量。这让我们明白了一件事情：太阳真是太重了，它能保持大约在尼亚加拉大瀑布水流量 650 倍的速度，不停地将其物质释放到太空中，直到干枯为止，时间可以长达 15 亿年。

很显然，我们的计算方法绝对不是这种简单又轻松的。若是以为太阳的最后一吨物质和重达 2×10^{28} 吨时，在释放能量时的速度是相同的，那就大错特错了。曾经有一系列的调查以爱丁顿发表的论文而结束，也就在 1924 年，这些调查通过一种普通的方法证明了恒星的质量直接影响其光度。可这个条件不仅粗略，而且罕见。或许只有在特定的范围内，我们在已知一颗恒星的质量后，可以准确地说出它的光度，可这存在很大的偶然性。比如，我们发现大部分质量类似太阳的恒星，其光度也和太阳大致相同。总的来讲，就像人们料想的那样，小星辐射的能量没有巨星的多，这也根本无法预知，并且它们辐射能量的差别要远远大于质量的差异。对于那些太阳四周的恒星来说，我们已经谈过的规律是准确的，哪怕是从另外的意义上讲，巨星每吨的发光强度对于它们也是最大的。举个例子，一颗质量只是太阳质量一半的一般星，其释放的出来的能量不是太阳释放能量的一半，而是大约 $\frac{1}{8}$。依此得出，必须延长太阳的生存时间。全部恒星都需要这样，而且要无限期地延长。等恒星逐渐变老的时候，它就开始节省自身的能量释放。只要它们的质量充分，就会无限制地损耗，但当它们损耗殆尽时，挥霍量就会逐渐减少。就像沙漏中的沙子一样，所有的沙子就要流光时，它们的流速也会渐渐地变慢。

同样的道理，质量是太阳 2 倍的恒星，释放的能量可不仅仅是太阳的 2 倍，而是太阳的 8 倍。我们在推测太阳的年龄时，一定要谨记一点，能量损耗缩短了太阳过去的生命，却延长了它未来的生命。看到告知我们任意一个知道确切质量的恒星，辐射过程中损耗其质量的速度。此时，假如太阳在本身过去相对应的阶段中，就像一个典型的恒星，因此太阳一生中的质量变化，我们可以画一个表格来表示，情况如下：

20 亿年前	当时的太阳质量是现在的 1.00013 倍
1 万亿年前	当时的太阳质量是现在的 1.07 倍
2 万亿年前	当时的太阳质量是现在的 1.16 倍
5.7 万亿年前	当时的太阳质量是现在的 2 倍
7.1 万亿年前	当时的太阳质量是现在的 4 倍

7.4 万亿年前	当时的太阳质量是现在的 8 倍
7.5 万亿年前	当时的太阳质量是现在的 20 倍
7.6 万亿年前	当时的太阳质量是现在的 100 倍

　　表格的第一项将地球诞生的大概时间表现了出来。依此来看，自从地球存在一直到现在，太阳质量的变化是微乎其微的。所以，即使我们不能肯定，可事实上地球诞生时的太阳和现在的太阳没什么区别，而且在地球的完整生命期中，所有太阳的重要方面基本上都一样。

　　要想获得截然不同的情形，就需要回到地球诞生以前的时间里。做到这一点也并不难，因为我们知道，对于恒星的生命来说，地球的整个生命也只不过是转瞬即逝。我们测量地球生命的结果是 45 亿年左右。只有当我们追溯到很久很久以前的时候，才发现那个时候的太阳质量跟现在的比起来真是大不相同。比如，我们回到 5 万亿年以前，那个时候的太阳质量是现在的 2 倍多。当我们追溯的时间比这更长时，一种新的现象就会被发现，这就是太阳的质量在急速上升。到最后我们发现，其质量的增长速度是每 1000 亿年长一倍，甚至超过 1 倍。假如我们设定一个可以想象、也可以实现的质量，我们就没必要追溯到数十亿年以前。那么，太阳诞生的时间一定是在数十亿年以前。

　　如果仔细地去推敲表格中的数字，就会发现那并不精确。但如果是作为一个观察的事实记录，就无可厚非了，巨星以超乎想象的速度在辐射能量和损耗质量。整个过程快极了。在这些详细的计算以外，这个总原则在限定了太阳年龄的同时，也限定了其他任意一颗恒星的年龄。当然，太阳的年龄肯定是 8 万亿岁左右。

　　这恰好符合由其他计算所得的恒星 50 亿到 200 亿的年龄。这些计算方法是互补的，看似有两个以上答案的谜正慢慢地被解开。要是天空中全部的恒星都跟太阳这样，那我们对已经获得的结论可谓信心十足。

　　可惜的是，我们在探讨那些比太阳重得多的恒星的年龄时，一开始就碰到了难题。之前那张恒星能量均分的表格说明，一种比太阳质量大 6 倍的恒星（光谱型 A0）在太空中的运动与能量均分定律完全相符。这种巧合（这不可能，因为其他比太阳质量稍微轻一点的恒星也符合）必须排除，否则我们必须对这些恒星的年龄作出 5 万亿至 10 万亿年的判断。可是，目前一般巨星的辐射量大约是太阳辐射量的 100 倍，这里面就暗示着它的质量以每 1500 亿年减少一半的速度在降低。显然，整个过程不可能持续了 5 万亿至 10 万亿年。

在探讨较亮的恒星时，我们遇到了更大的难题。在辐射量方面，小麦哲伦星云的 S 剑鱼座目前是太阳的 30 万倍。而太阳正在把质量以尼亚加拉瀑布流量的 650 倍的速度向太空中倾泻，以此类推，S 剑鱼座正把质量以尼亚加拉瀑布流量 2 亿倍的速度喷向外面。它每 5000 万年失去的质量等于太阳的总质量。以往的数万亿年中，S 剑鱼座都是以此速度在流失质量，这简直荒谬至极。

针对类似于 S 剑鱼座这样的恒星，可能存在的说法只有两种。或许它只是产生在最近这段时间（按照天文尺度），年轻时代才刚刚起步；或许它在以往的大半生中，质量损耗受到了某种方式的抑制。这颗星产生于近期的错误假设被大量的论证推翻。恒星是所有星团成员中的一个，我们希望，所有星团中的恒星都有相同的年龄。它在太空中的位置是一个无任何恒星诞生迹象的区域。就算是我们承认了这个恒星产生于近期的假设，我们又会无法理解那些在能量均分表中，已经达到能量均分的其他巨星的状态。

鉴于各种原因，我们情愿或者必然会提出这样的假设：这些又亮又重的恒星并没有因为辐射而消失，而是通过某种方法保存了下来，它们的质量也以最快的速度被消耗。简单点说，我们假设它们正处于发展受阻的状态，其质量和总的外观都不符合实际年龄。之后我们会通过一个物理作用过程，简单明了地说明这一现象发生的原因。

如果这种假设可以被接受，那所有的问题就都迎刃而解了。只要我们接受它，就可以随意地确定恒星的年龄，前提是要选择那些能量均分定律中所指明的，不管选择怎样的恒星，一定要可以证实这一规律，准确判断其年龄。

刚才我们探讨过的那些较亮的恒星，在天空中数量是很少的。跟太阳相比，大部分恒星的光度和质量都是接近它或者小于它的。这些很容易就被承认。如果必须依赖太阳才可以说明其他恒星的问题，那阻碍发展的假设自然而然地就破灭了。它的可靠性源于我们使用它的次数很少。对于前面那张太阳质量的表格我们倒是可以接受的，因为它把太阳的历史表示得比较明确，我们也可以将其年龄判断为 8 万亿年。同样可以画一张大致相似的表格，来表示天空中大部分的恒星。

恒星的起源

我们把恒星的年龄确定为 50 亿年或者更长的时间。刚诞生的太阳，其质量肯定是现在的 2 倍，甚至更多倍。因为从太阳诞生到现在，留下来的物质只有每 1 吨中的几英担（1 英担 =50.80 千克）而已，其余的物质全部被转换成辐射能释放到太空中，永远地告别了太阳。

在前面的一章当中，我们论述了物质的转换方式是辐射，它们是伴随着放射性原子的裂变而转换的。地球上揭示这种现象的现存的最大例证就是从铀转换成铅。在转换时，被转换成辐射能的质量大概是总质量的 $\frac{1}{4000}$。这种转换所对应的分数如果放在太阳上，可能是 $\frac{1}{2}$，可能是 $\frac{9}{10}$，也可能是 $\frac{99}{100}$，但无论是多少，一定大于 $\frac{1}{4000}$。因为地球上任何从物质质量转换成辐射能量的转换，甚至于更巨大的转换，都包含在太阳产生光和热的过程中。

在过去的时间里，布朗和爱丁顿会把这个过程看成是从复杂的原子中产生质子和电子的过程。在氦核产生的过程中，发现了这个由爱丁顿潜心钻研的最简单恰当的例证。一个氦原子的成分等同于 4 个氢原子的成分，换种说法就是等同于 4 个电子和 4 个质子的成分。假设这些成分没有物质质量到辐射的转换，就可以重新调整，氦原子就 4 倍于氢原子。事实上，阿斯顿发现的这个倍数并没有达到 4 倍，而只有 3.970。而 4.000 与 3.970 之间的差，就是在 4 个氢原子组成（假如可以产生的话）氦原子的时候，释放出来的辐射能量。放射性的质量损耗远远小于这 $\frac{1}{130}$ 的质量耗费。可就算这样，也无法对恒星的年龄作出准确的判断。太阳的组成由起初的纯氢，转换成纯氦，按照现在的辐射速度，其最多再辐射 1000 亿年左右。根据能量均分和我们在后面即将研究的别的证据，充分说明恒星的生存时间应该包括远远超过这更长的时间。

物质的毁灭

现代物理学只可以假设一颗辐射中的恒星生命过程非常长，这就是所说的物质毁灭。各种类型的证据都表明，大致上，巨星包含的大部分原子跟较小星体的原子不存在本质上的差异，所以影响巨星和小星质量不同的主要因素，并不是原子质量的不同，而是原子数量的不同。要是消灭掉一颗巨星中的原子，它就会变成一颗小星。可以肯定的是，这些原子发生了毁灭，并且质量也随之转化成了辐射能。

1904 年，我首次见到可以在物质的毁灭中产生大量的能，正电荷和负电荷互相乱撞，把对方歼灭，还使用辐射的方式把它们的能量向太空释放。1905 年，爱因斯坦的相对论中出现了一种用来计算设定的物质产生毁灭时发出能量的方法，它表示在忽略被毁灭物质的性质和状态后，每克物质释放出来的能量是 9×10^{20} 尔格。接着，我们根据计算得出了恒星需要多久的时间来产生这些能量，可数万亿年的结果跟当时天文史料记载的时间相比，似乎长很多。从那时开始，慢慢地收集新的证据，这一章里讨论的证据尤为重要，它要求恒星的生存时间就是那么长。如此一来，大多数的天文学家认为，物质毁灭是恒星能量的最大源头。

除了刚才说到的理论，还有其他的见解认为物质毁灭只是恒星中的一个微不足道的过程而已。可要是没有物质毁灭，一颗恒星的质量就不会发生那么大的变化。比如，类似附着放射性裂变的 $\frac{1}{4000}$，或者那些由氢原子演变而来的氦原子的 $\frac{1}{130}$。实际上，一颗恒星的质量在一生中都不会发生改变。显然这是在恒星身上强加了一种见解，那就是比我们脑海中想象的恒星以往的寿命还要短，因为有一个事实是不容改变的，即每天太阳的辐射消耗它自身的质量重达 3600 亿吨。所以如果太阳自身的质量变化不明显，那它辐射的时间就不可能那么长。

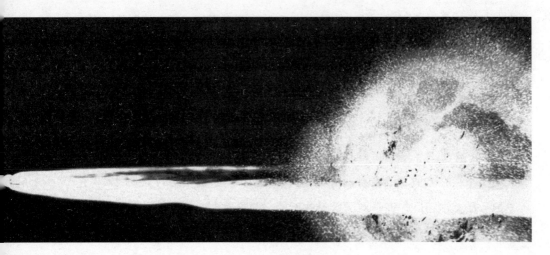

图 25 星云毁灭图

　　我们已知在现在的宇宙中，一颗恒星的质量决定了它的光度。我们假设所有的物质都处于相同的条件下，那么一生中质量毫无变化的恒星，光度也应该没有变化，最少也到它们把辐射能完全消耗为止，否则就会跟观测结果相悖。我们发现质量跟太阳相等的恒星，也具有各种各样的光度。因此，假如我们忽略不计物质毁灭假说，那就有必要假设一种媒介，这种媒介可以让质量与太阳相等的恒星，辐射速度也几乎等同于太阳，这种状况一直维持到耗尽自身质量以至于不能辐射为止。而所有其他质量的恒星也都是这样。

　　假定这种控制媒介存在的说法，遭到的反对显得并不一般。其实这种控制媒介都曾被拉塞尔与爱丁顿倡导过。可是当我们想要对此深入探讨的时候，我们遇到了太多的反对，这些我们会在第五章里作详细的解释。根据我们所知道的，之所以遭到反对，是因为这种媒介控制的恒星状态，必须是非常容易爆炸的。我们立刻把这个控制媒介的假设抛弃掉了。能够观测到的光度对质量有严重的依赖感，因此我们不得不设想一颗恒星的光度变弱直接导致了其质量的减少，这很快又把我们带回到物质毁灭的问题上。

　　这里可能会有关于同一个问题的深入研究。目前我们知道，每吨物质最大的发光强度是在最重的恒星当中。因为每吨能量消耗的最大结果就是在最重的恒星中。在一颗巨星的质量以每吨 1 英担的速度在损耗时，一颗小星的质量损耗速度也只在每吨几磅而已。最后，时间的变化会直接影响恒星的质量。可以肯定的是，这个规律基本上说明了恒星变化幅度不大的原因。如果在双星系中的两个子星里也使用这个规律，结果也是非常有意义的。这充分说明，两个子星的质量会伴随着双星年龄的增长而变得几乎相同。最后，同是两个子星的质量区别，老的双星系里的就会比年轻的双星系里的小一些。

我们可以通过观测来验证最后的结论。著名的艾特肯观测到隶属于同一个双星系里的两个子星，其质量比率是从质量较大较年轻星系的 0.70 增加到较老星系的 0.90。位于较老星系中的两个子星基本上跟太阳很相似。根据理论可以预测到变化的方向，而变化的总量则是在表明两种相关的状态之间的时间间隔是 5.4 万亿年。这跟前面预测的太阳年龄恰恰一致。可是这有点不可靠，因为它的依据多多少少都会有点不足之处。

反正，不管我们避开物质毁灭假说的方向是哪一个，或者解释事实的假说是哪一种，仿佛最终都会回到物质毁灭这个观点上来。

这个变化给物理科学带来的冲击实在是太大了，而我们却低估了这一点。产生冲击的根源是这一假说。19 世纪时期，在物理学中，物质不灭和能量守恒两大理论以失败而告终，或者也可以以一种单一实体守恒论的出现取代了它们。这个单一实体可以产生从物质到能的转变。由此，物质和能告别了不可毁灭的时代，而物质则是以每克 9×10^{20} 尔格的比率在向能转化。

但是换一个角度，这个假设只是促进了物理学在以往原理上的一个进步而已。热、光、电三种形式先后被证实是对能的不同展现，毁灭这个假说仅仅是在原有的清单上额外加上一条，因为物质本身也是一种能。

在这个假说中，地球上所有维持生命的能、供给地球温暖且提供生产粮食所需的光和热，还有我们用来燃烧的蕴藏大量太阳能的煤和木材，说起它们的来源，其实都是太阳电子和质子的毁灭。太阳使用毁灭自身物质的方式，让我们生存下去。更准确点说，我们也只能依赖这种方式生存下去。其实，太阳和恒星中的原子就像一个装满能源的瓶子，这些瓶子在被打碎以后，里面的能量全部会以热和光的形式释放到整个宇宙。在太阳和恒星诞生的时候，就有大量的原子因为辐射而消失了，剩余的原子结局依旧如此。半个世纪以前的科学家们给煤取了一个形象而生动的名字，即"瓶中的太阳"，他们认为我们利用阳光的方式是：在远古时代的森林里，照射进来的阳光全部被收集保存起来，方便在数百万年以后，我们可以用其烧炉取暖。如果按照现代的观点，我们必须把它们看成是再装瓶的阳光，或者是再装瓶的能量。首次装瓶的时间距离现在已经有数万亿年了，在太阳和地球还没有出现的时候，能量就已经被第一次密封在质子和电子中。我们先不把太阳看成是原子的集合，而是设想它是一个堆放了许多能量瓶的巨大仓库，储存时间也已经长达数十亿年。这些巨大的太阳能源瓶里，都装满了巨大的能量，这让太阳不断地辐射光和热，而在未来的时间里其源源不断的能量也足够辐射光和热达数十亿年之久。

我们通过两个定量研究就可以明白整个过程。我们已知，以太阳原子目前的耗损率，其储量还可以继续维持15万亿年。这说明，15万亿原子中每年消失的也只有一个而已，跟太阳巨大的连续的能量相比，这似乎是微乎其微的。但是我们可以试想一下，那些以每平方米50马力左右的功率，不停地从太阳表面放射出的能量，从巨大的太阳内部产生；一平方英寸的表面上放射出来的能量，产生于每平方英寸的横截面、43.3万英里长的锥体中。此锥体中原子的含量为10^{33}个，每年15万亿个原子中毁灭一个，对于太阳来说，被毁灭的原子就是每秒大约有2万亿个。

用其他方法产生的能量跟物质灭亡产生的能量相比，大不相同，后者是十分惊人的。举个例子来说，在纯氧状态中点燃一吨最好的煤，燃烧产生的能量大概是5×10^{16}尔格；而如果这一吨煤被毁灭，产生的能量就是9×10^{26}尔格，两者相差180多亿倍。在一般燃烧条件下煤发挥出的能量精华，最终总质量的$\frac{99.999999994}{100}$那部分也会以烟、煤渣和灰的形式残留下来，而毁灭的煤是不会留下任何痕迹的，甚至烟、灰，或者煤渣，到最后都会燃烧得干干净净。假如在地球上的煤，也能如此充分地燃烧，那一磅煤供给的能量足够整个英国，包括所有家庭炉火、工厂、火车、电站、轮船等使用两个星期的时间。还不及豌豆大的一块煤，就能让"毛里塔尼亚"号走上一个来回。

纯天文学理论已经致使"太阳与恒星中的原子在连续不断地毁灭"这一理论的形成。这一点大家可能会有点迷茫，因为前面我们好像探讨过类似的问题。正如前一章节我们所了解到的，根据近期物理和数学方面的研究表示，外层空间中的物质毁灭为地球上的辐射赋予了强大的穿透力。从地球上能够攫取出大量的辐射，这使我们得到启发：在宇宙的变化过程中，可以将潜在物质的毁灭当做其中一环；太阳和恒星不断闪光并且宇宙得以存在的过程的原因可能正是我们所观察到的。

物理阐述

在这整个过程中，研究物质毁灭的特征可能是有价值的，不过，研究的内容都是虚设的，也就是说还没有办法找到论据或者证明其正确的方法，这是前提条件。

上个世纪的电动力学理论这样说：随着时间的推移，原子核跟电子的差别也慢慢地变小、结合，最后碰撞到了一块儿。电子所带的负电荷与核子所带正电荷结合后，像两片乌云碰撞一样迅速地向外辐射它们的能量，此时，它们的正负电荷也会被彼此中和抵消。

当前的量子力学指出，当电子与核子距离 0.53×10^{-8} 厘米时，两者就会停止靠拢，以至于宇宙的活动是如此频繁。类似的情景，在正电荷与负电荷是 0.53×10^{-8} 厘米的 4 倍、9 倍以及 16 倍等距离时也会出现。不过我们并不是忽略对继续向前运动的障碍。在这相当长的距离里，"前进是很久以后的事情"貌似将要替换掉量子理论主张的"你不能再前进了，已经够远了"的论调。天文资料指出，短距离的阻挡也不是不会改变的。站在物理学上讲，我们所认识到的东西没有不会发生改变的，尽管这种说法与新一代物理学理论有冲突。例如，动力学的主张是：对氢原子或者其他更复杂的原子来说，都有可能存在这样的绝对障碍。或许是在距离原子核很短的运动路线上等了很长时间才被允许继续运动，或者是受诱导被逼着向前运动。当核子与电子相遇后的一刹那，恒星便会产生辐射。这有可能是质子和电子毁灭的最明显的物理变化，这种例子或许是天文学最需要的。这样人们将会更明了地认识到，这种物理变化过程只是一个单纯的幻想。这个比较难理解的问题，我们也会在下面的第五章里继续讨论。

如果这一个假设没有错误并得以论证的话，那么不单单为恒星提供光和热的原子会销声匿迹，宇宙中的每个原子都难逃这样的宿命，会随着辐射慢慢泯灭掉，好像没有存在过。固态的地球就像山丘一样永远地存在，就算消失速度没有恒星那么快，但总有一天也会有恒星的宿命。正如一首诗歌所说：

那白天萦绕的巨塔，

那富丽堂皇的宫殿，

那庄严神圣的庙宇，

还有那巨大的地球自身，

是的，还包含地球承载的任何，都将永远不见，

决不留下任何痕迹。

如果宇宙最后只落得如此一个结局，

我们可否要引用这样的诗句：

我们都是不足提及的芸芸众生，

似乎在梦中；

我们短促的一生

在睡梦中完结。

第四章
了解宇宙

本章探求恒星和大星云的诞生，研究双星的形成。再着重探讨一下太阳系初始应用的潮汐理论、洛希极限说以及拉普拉斯的星云设想。

　　关于这个令人匪夷所思的浩瀚宇宙，我们已经探讨过了：一共有 6 颗尘埃散落在整个滑铁卢站，恒星所拥有的空间密集度大概也就是这样。也许可以用这样的说法，有亿亿个以上的分子在这 6 颗尘埃中。我们讨论的宇宙之所以这么空阔，原因正是这么庞大的数目的分子正巧聚成 6 堆物质。在宇宙中，这 6 堆物质的单位便是恒星，大约有 10^{56} 个分子存在于每堆物质里面，如此大的数量，实在让人瞠目结舌。太空看起来很空阔的原因并不是因为分子的数量极少，也不是因为分子都聚集成含有 10^{56} 个分子的 6 个尘埃，原因是恒星之间有一层稀疏的气层。下面，我们就来揭开"太空中的分子为什么呈现这样的聚集方式，但是生活中的分子却不是"的谜底。

　　我们要依据科学方法来研究为什么分子会呈现出这样的聚集方式，首先要搞清楚到底什么原因促使它们这样聚集。在地球的大气层里，大约有 10^{41} 个分子存在，为什么这些分子会被束缚到一个大气层中并分散地散落在太空呢？探索的结果是由于地球的吸引力。如果站在地球表面射击，子弹飞行速度在 6.93 英里 / 秒以上的话便会偏离轨道飞向太空，原因是子弹的飞行速度大于地球吸引力，以至于地球引力不足以将子弹拉回来。不过假如子弹的飞行速度低于上述速度，便抵抗不了地球引力，飞不到太空。所以，大气层中运动速度不到 0.333 英里/秒的分子根本抵抗不了地球的吸引力。地球吸引力不断地把这些分子拉回，它们也只能覆盖在地球表面。

大气中的分子与别的分子产生碰撞的机会非常少，以至于很少能达到 6.93 英里/秒的速度。假如某个地球大气层中的分子能有这样的运动速度，那么它便可以摆脱地球引力的束缚，逃逸出地球飞到太空。地球不断地用这种方式放开对分子的束缚，不过经过计算得知，即便是经历上百万年，这种释放方式也不会多么明显，所以我们可以忽略这种可能，将其看做是一成不变的。

太阳跟地球一样。大气层中的分子受太阳的热力而分解成原子，它们的平均速度只有 2 英里/秒。不过原子的速度只有在 380 英里/秒以上才可以摆脱太阳的约束，因此太阳大气层便是太阳周围的原子受太阳的约束力而形成。

假设一个普通房间里的空气中的分子在房子中心聚集在一起的话，那么这个气团外层的分子便会承受这个气团释放出的压力。不过由于这种分子团的质量很小，所以引力也没那么大。其实，这个分子团表面的分子能达到 1 个世纪 1 码的速度便能逃脱分子团的束缚。因为普通空气中的分子能达到 500 码/秒，所以一刹那间，这种这样的气团便能充斥整个房间。另外，假如房间大到能容纳太阳的话，那么它周围的分子就能被束缚在屋子中心的球团之内，跟它们在太阳大气层中的情景相似。外层的分子一定要超过 380 英里/秒的速度才有可能摆脱束缚，所以，只有 500 码/秒速度的普通分子根本达不到要求。

星空中的大气层

通常情况下，内部物质团体对其外层分子施加的引力和外层分子的运动速度之间的抵抗是束缚与逃脱之间的矛盾根源。太阳系中这样的例子很多。月亮对它大气层中分子的吸引力只有地球引力的 $\frac{1}{6}$，所以即便是月球有大气层，分子也全部逃逸了。纵然水星的吸引力只有地球的 $\frac{2}{5}$，但是水星离太阳很近，它面向

太阳的一面温度极高，故而它表面的大气分子也逃脱了。火星对分子的吸引力只有地球的 $\frac{1}{5}$，即使是这样，它表面相对来说温度比较低。按理论来讲，比较重的分子和水汽都逃不掉，像氢和氦这种质量较轻的分子会逃掉，事实跟理论应该一样。木星的两颗最大卫星和土星的最大卫星的吸引力跟月球的引力大致一样，但是土星和木星的表面要比月球表面温度低，所以它们表面还有大气层存在。已经有一些观察员看到存在于这三颗卫星表层的大气层。太阳系里的四颗主行星的吸引力都比地球引力要大，所以其表层的大气层很容易被约束；金星的吸引力跟地球引力相同，所以也能束缚住其表面的大气层。

这些例子完全可以证明，为什么一旦行星体分子集合成团就很容易被束缚的原因。然而这些聚集团最初形成的原因以及如何能聚集成形的问题还是非常复杂的。例如，行星中的分子数量大约是 10^{56} 个，而不是 10^{54} 个或者 10^{58} 个，控制这个现象的原因是什么？

具有不稳定性的引力

维持一个星球成一个整体的引力是不是跟这个星球第一次相聚形成的力量不同，这一点我们应该很自然地想象得到。所以，研究一下引力的聚集力是非常有必要的。

三一学院的本特利(Bentley)校长在牛顿发表万有引力定律五年后给他写信，咨询物质相聚成星球这一现象是否能用万有引力定律解释。牛顿在1692年12月10日的一封回信中这样写道：

"我好像觉得太阳、行星和宇宙里的所有物质在太空里分布得都很均匀，有一种很自然的引力存在于每颗微粒之间。太空中的物质的分布空间具有局限性，由于引力存在，所以该空间外层的物质都倾向于内部的一切物质，所以有一个很大的球体形成于整个空间的中央。不过假如一个辽阔的空间很均匀地分布着这些物质，那么它们永远也不可能聚在一起。然而物质中的一部分则会形成一个团，另外一部分也会形成不同的团，因此会有无数的团形成，但在广阔的空间里，它们的距离会非常远。假如这些物质非常容易就被看见，那么它们就会像是太阳和不移动的星球。"

1901年，我开始了一项数学研究，这项研究不但大致证明了牛顿的假设，并且产生了一种计算引力作用条件下形成聚集团尺寸的方法。

凝聚的形成

假如身处屋子中央击掌，或者发出像平常讲话那样的声音，用物理学上的专业术语来说就是制造声波。当两掌即将接触到一起时，手掌之间的分子会受到排斥。外层空气中的分子会与这些受排斥而逃离的分子发生碰撞之后，外层空气中的分子会跟更外层的空气中的分子相互撞击。这种因原先击掌而产生的波会像波浪一样一直传递。即便是个体分子的平均运动速度能达到500码/秒，不过由于运动不规范，所以其撞击速度会减小。正如我们发现的，这种碰撞速度是声音的正常速度，大概只有370码/秒。当这种波的运动形式到达任意一点时，这一点的分子动能便会大幅度增加。原因是该点的分子数受到逃逸分散的分子补充。由于这种情况，必定会有一个很大的压力。人们耳膜的震动正是由于这种压力而产生的，随后耳膜的震动便会传向大脑，这就是为什么鼓掌能听到声音的缘由。

这种压力所持续的时间显然不是很长，制造压力的分子扩散得很快，所以这种波会连续运动下去。但是一种因素会阻碍这些分子的扩散：每个分子都会吸附周围的分子，当分子数量越来越多的时候，这种吸附力就会越来越大。在一段普通的声波中分子数量也不会十分大，不过这些数量不多的分子会拉拢周围的分子，它们的扩散就会受到阻碍。但是在宇宙天文规模下发生这种情景时，吸引力就会相对显得十分重要。

下面我们来讨论一下空间的某个区域的空气分子数量超越相邻区域分子数时，即"凝聚"时的情景。假如聚集到达一定限度，分子的扩散就会受到因其产生的吸引力的阻碍。这种情况下，外界的分子就会受到吸引靠拢到这种聚集中进而继续膨胀，并且因为外界的分子运动速度比较低也摆脱不掉强大的吸引力。

这种情形还是有可能发生的，决定因素是凝聚团的大小和空气中的分子的运动速度，不过凝聚过程中的进展速度根本起不了决定性作用。凝聚的进程会因为凝聚团的吸引力的加大而加倍。在这种条件下，造成凝聚团加大的引力即便会加倍，致使凝聚团扩散的压力也会加倍，也就是说扩散压力与引力这对矛盾的正反两方面都会加倍。即便如此，矛盾的发展趋势依然是向着四周扩张。假如凝聚团的扩大条件非常充分，它便会持续的增长，一直到空间内再也没有其他分子可供吸收才停止。

凝聚得越厉害，扩大的条件越充分。在其他因素相同的时候，直径是200万英里的聚集团所释放的吸引力是直径为100万英里的凝聚团吸引力的2倍，不过两个凝聚团内部的分子扩散的压力是一样的。所以，聚集团的尺寸决定它的增大幅度。我们假设一个聚集团增大到一定限度时只有持续地增大下去，此时的自然法规和无限制的竞争是一样的，我们会发觉那些原本就很大的凝聚团继续增大的可能性较大，而那些原来就很小的凝聚团却只有扩散开来。

我们假想一个顺着太空四面八方伸展数亿千米的分布均匀的气团，任何一次毁坏它的均匀性的因素都可以被比作是建立起来的凝聚团，并且其大小可随意想象。

这一点刚开始可能容易被忽视，原因是有人可能会觉得一次施力于小面积空气的扰动或许只能有一个小程度的凝聚团产生。这种思维把在偌大的太空中的任意一个小物体施加万有引力定律的方式忽略掉了。地球或者更远的星球上的潮起潮落都可能是受月球影响，即便是月球对地球的影响比其他更远的星球大得多。太空中任何一个星球的运动都会受一个孩子任意一次从摇篮里扔出的球的影响。因此，一旦有万有引力，它的影响力都会涉及整个太空。产生的凝聚团的扰乱越大，那么起初的凝聚程度就会越高，不过即便是最小作用的扰乱也必定会对凝聚造成一定影响，虽然这个影响是那么小。根据上面的分析我们能够看得出来，一个凝聚团的密度并不是它是否增大、扩散的决定性因素，它的大小才是。无论起初的凝聚程度有多么小，比较大的凝聚团可以一直增大，但是小的却会销声匿迹。最后只会有大的凝聚团存在。上面讨论过的数学分析说明有一个固定的最小质量存在，所有比该质量小的凝聚团都会扩散掉。我们现在谈论只要有一个大概数值就可以了。关于这个最小质量可以这样界定：把$\frac{1}{10}$的该质量气体分离在太空，再除去余下的所有气体，这时的分子正好逃不出其表层[①]。

无论任何轻微的搅扰，都会使其结构发生改变是分布均匀的气团"不稳定"的原因。这与筷子在尖点上平衡或者即将破碎的肥皂泡类似。

原始混沌状态

所有气团都可以用这些大概的理论结论来证明。我们先对"在整个无限的空间里物质都均匀地排列"这一牛顿定律的假设理解一下。假如我们回到远古时代，也就是现在星球与星云的组成物质均匀的散落在空间里的时代。简单来讲，返回到大多数宇宙学理论刚开始的那个知识匮乏时期。哈勃(Hubble)曾经猜想，如果宇宙中那些已经被人们所认知的物质在太空中均匀地散布着，形成于上述描述方式下的气体密度大约是水密度的1.5×10^{-31}倍。这样的猜想值比实际的要小，甚至是现代情况的代表。为了能找回原始气体的原型态，我们一定要补充在原始大爆炸时期变为射线的那部分原子核分子，因此我们不得不把一些东西加入到气体里面。总的来说，假如设定的原始星云的密度值可能是10^{-30}，那么它低得实在让人想象不到。通常情况下，空气的密度是水密度的$\frac{1}{800}$，每两个分子间的平均距离大概是一英寸的八百万分之一；而就我们目前所探讨的原始气体来说，两分子之间的距离则有 2 码或者 3 码。这样鲜明的对比又出现了十分空旷的空间里。

[①]该定义非常含糊，并不完全准确。准确的数学分析阐述了最小质量凝聚团 M 应由以下公式算出：
$M = (\frac{1}{3}\pi k)^{\frac{2}{3}} \frac{C^2}{r^3 \rho^{\frac{1}{2}}}$ 其中 C，k，ρ 分别是分子速率、引力常数、起始密度与比热。而以速率 C 运动的分子正好逃不掉的凝聚团的质量由下列公式给出：
$M = \frac{3}{4\pi} \frac{C^2}{r^{\frac{3}{2}} \rho^{\frac{1}{2}}}$其中$k = l\frac{1}{3}$恰好能约束住分子凝聚团质量的 9.7 倍便是该凝聚团的最小质量。

然而在原始大气中，使得凝聚团能够不分散的最小质量是多少呢？

研究成果显示：如果一般状态下的空气能稀释到这种程度的话，那么凝聚团就维持不了并且将不会继续增大，除非凝聚团的质量是太阳质量的 62.5×10^6 倍。任意一个气团如果质量比上述质量小的话，那么对其外层分子的引力都是微乎其微的，假如这些分子的速度能有 500 码/秒的话就会马上逃掉。

气体密度和其分子逃逸速率

相对于水的密度	分子速率 500 码/秒	分子速率 600 码/秒	分子速率 2000 码/秒	分子速率 3000 码/秒
10^{-29}	0.250 亿	2.000 亿	15.000 亿	50.000 亿
10^{-30}	0.625 亿	5.000 亿	40.000 亿	130.000 亿
1.5×10^{-30}	1.600 亿	13.000 亿	100.000 亿	300.000 亿

对于其余假定的气体密度和其余的分子速度，我们可以对它们做出类似上面的计算。上面表格展现了凝聚团形成于原始气体中的质量。这种原始气体的密度是表格的第一个栏目所示，各种分子的速率如表格其他栏目上方所示。各种不同的情况下，凝聚团的质量是根据相对于太阳的质量予以计算。

我们所认识到的所有恒星都可以根据太阳质量计算其相对值。因此如果正像牛顿所假设的那样，恒星最初是以表格中凝聚团的身份出现，那么表格中的这些数值应该是具有相对的可比性。根据我们刚才所想的模式，很显然牛顿的假设是不成立的，原因是所有计算得出的质量结果都是太阳质量的百万倍。假如我们所讨论的这种最原始的混沌状态可能存在的话，那么分子就会形成质量比星球大百万倍的凝聚团，根本没有聚集成星球的可能了。

大星云的诞生

所计算出来的数值跟被人们所熟悉的超大星云物质在宇宙中的质量一样，这一点至关重要。目前，有两个星云的质量能准确地测定出来，那就是室女座

N.G.C4594 星云和仙女座大星云。哈勃对它们的质量进行了推算，分别是：

M31 星云：质量与 35×10^8 个太阳的质量相同；

N.G.C4594 星云：质量与 20×10^8 个太阳的质量相同。

这些推测出来的数字应该相当保守，不过根据它们的大小可以断定并不只有恒星，超大星云肯定是原始星云中形成聚集、凝缩最早的。然而，大行星这样的形成方式也只是根据推测而已（原因是假想中的原始行星是不是真的存在还不能确认），不过目前对星云存在这个事实，我们可以设法去解释的理由和前提还是很充分的。这些星云之间的相似度很高，它们的由来仿佛皆是由同一类宇宙物质活动而产生；并且，除了假设一个连续的原始星云存在以外，我们还可以根据假设的基础作出一个合乎情理的解释。

大行星之间肯定还是存在区别的，下面我们就探讨一下它们为什么存在区别。

假设原始星云的形成是有一种特定法则的方式，则最后的结果也会是形成空间排列十分有序并且非常一致的十分相像的气团。然而自然界不会是如此的正规，因此我们也没必要对质量不同、星云间隔不均因和排列对称而大感意外。在原始气团凝聚、收缩的初始阶段一定会有气流产生，并且几乎是十分均匀的。如果每个气团收缩的气体恰好在每处收缩的地方都指向中心的话，那么就会有一个无运动球状星云的结果出现。不过每个收缩的气团都会因为气流不均匀而自动旋转。这种旋转最开始一定非常缓慢，然而著名的"角动定律"要求自旋物体收缩时必需要加速转动。因此当凝聚、收缩的过程结束时，最后形成的一定是旋转不一样的一套星云体系。

星云的旋转

这种现象同样能被观察到。我们的资料也只能证明各个星云是旋转的，而且速度是不同的。空间中的所有旋转云团的表面每一部分一定是以不一样的速度旋转。例如太阳是绕地球朝着一个方向自转，所以我们所看到的东西的运动方向都是自东向西。但是对地球来讲，太阳一直是从东方升起，然后从西边离开我们的视线。从分光镜下观察太阳表面的各个部分，立刻就会发觉它们的速度是不一样的。这让我们坚信太阳是自转的，而且它的总质量可以以此推算出来。但是对于星云，我们要采用其他办法进行考察。研究结果表明，大部分星云都是围绕着某个轴心，类似旋转的陀螺那样进行有规律的旋转运动的。以地球的转速作为参照来看，它们的转动速度是那么的缓慢。就拿仙女座大星云(M31)来讲，转一周所需的时间大约是1900万年。偌大的星云体积必然会导致如此慢的转动速度，即便是这么久才转动一周，星云外层部分一秒钟的转速也一定会在几百英里以上。

星云的形状大部分都是没有规则的，不过几乎所有星云还称得上规范，最重要的是它们可被看作是旋转气团，因此它们的形状可以用数学计算方法推算出来。我们可以把星云看成是旋转的星团，但是事实上人们对星云的认识并不是只有这些。根据纯粹的观察以及明亮的星云表面，哈勃发现几乎所有的星云都呈一字形排列——它们的排列井然有序，恰如吊在线上的冰珠。经过验证，因为气团整体运动速度慢慢加快，所以这个排列顺序几乎跟原来只靠理论计算的排列顺序完全吻合。

下面我们来验证一下这一理论上的结构顺序在事实中的顺序的表现形式。

一个固定不动的气团呈现出自身带有吸引力的球体是很自然的现象。被发现的大多数星云都是圆球体，而且非常标准。

旋转程度不大的气团与地球和木星类似，都呈现橙子的形状，且微扁。这种形状的、且被发现的星云的数量是非常大的。

星云的扁平程度是跟旋转程度成正比的，可是橙形星云在很短的时间内就能变形，这一点已经根据理论推测得到证实。起初，橙形星云的运动轨道突出得十分明显；最后，经过充分的旋转，轮廓就会有一个十分明显的边缘出现。此时，旋转的星云就会有一个双面凸透镜一样的外形。这个观点也已经通过实际观察得到完美的证实，通过观察，确有许多类似凸透镜形状的星云在太空中出现。

下一种现象就有点让人惊讶了：假设星云得到更快、更充分的旋转却不会越来越扁。迄今为止，星云的转速每增长一个层次都会让其赤道变得更突出，不过现在看来凸显程度已经达到极限了。依据理论，如果星云被压扁到极限的话，那么星云赤道的边缘肯定会有物质甩出，从赤道面离开星云。这一理论同样通过实际观察被证实了。

目前依然在赤道平面上的相对比较薄的气团层最起码和牛顿有关"在无限空间中均匀分散"的理论的一部分是一致的。星云中的部分变动的方式是多种多样的，任意一种变动和扰动都会影响到完整的凝缩聚合，无论这种变动和搅扰是大是小。这跟前面所讲的在一定规模最高限度下的星云会自动消失一样，然而在最高限度之上的星云便会不断地增加强度，一直到赤道上的所有气体被完全吸引。此外，我们可以在假定的原始无序状态下推测出能长期存在的气团的最小体积（规模），推测结果又一次证实这种推算是非常值得做的。

已经得到证实的两大星云的总质量跟哈勃的推测是吻合的，而且它们的体积和之间的距离我们都已经了解，这样的话，要计算出整个星云气体的平均密度是轻而易举的。仙女座大星云 (M31) 的平均密度是水密度的 $5×10^{-22}$ 倍;N.G.C.4594 星云的平均密度是水密度的 $2×10^{-21}$ 倍。这些数据让我对星云外层物质有了大致的了解。即便这些数据和推算出的宇宙原始星云密度的 10 亿倍相差无几，不过还是超乎想象的低。这样的比例跟一立方英寸空间与一个分子的比例差不多，或者可以比作是一个大教堂的空间密度要被一个苍蝇的一次呼吸填满。

经过对在这么低密度的气体中形成和存在的最小凝聚团的质量进行计算后，我们得出了几个结论，详情看下表。相对来说，分子的运动速率比较慢，以至于要考虑一旦气体扩散到星云直到表层就一定会冷却的情况。

低密度气体的分子扩散速率表

相对于水的密度	分子速率 100 码 / 秒	分子速率 300 码 / 秒	分子速率 500 码 / 秒
10^{-21}	1.7	36	220
10^{-22}	5	130	625
10^{-23}	17	360	2200

依据太阳的质量，我们再次推算出凝结星云的质量。其中，表格中记载的大部分质量的数据都是较之于太阳得出的，这是至关重要的一点。最后，关于恒星质量我们再探讨了一下。大星云外层部分形成的凝结体是必然现象，它的质量是相对于那些恒星的质量而言的。

恒星的演化过程

在恒星形成的过程中，仍存在很多未被解决的问题。在所有的星云照片中都很容易发现，被甩向星云赤道的星云物质并不会在赤道面上完全散开，似乎它们结合在一起成为球状、结状，或者相互紧缩起来。在观察星云照片时，这一特质十分清楚地呈现在我们眼前。

这些球状物体积庞大，从而使我们无法将它看做是单一的恒星，因为它们是恒星群的可能性更大。利用最大的望远镜去观测，会发现众多的光点由球状

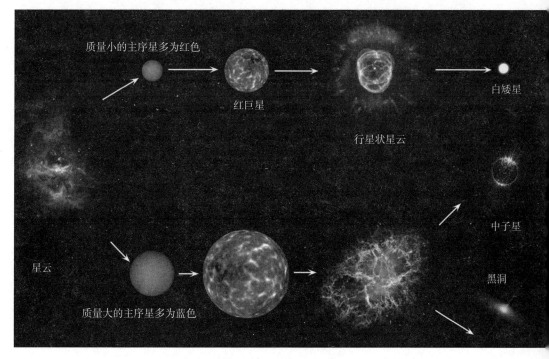

图 26 恒星的演化过程

物分解而成，我们猜测这众多的光点实质上就是恒星，如此猜测的依据是由于其中多数恒星所呈现出的光波扰动都类似于其造父变星。如今我们还无法确定是否那些星云赤道面上的凝聚物直接形成了恒星；或者一部分较大的凝聚物先形成（即我们在星云照片上可以看到的球状物），然后另一部分较小的凝聚物形成了恒星。总体而言，其形成过程包括两步，第一步是星云物质相互分化再重组，这样一些较大的聚合物形成了，第二步再由较大的聚合物形成恒星。在这个完整的形成周期中，星云物质渐渐冷却的情况极有可能出现。当然，其他的变化情况也是有可能出现的。现在下最终结论还为时过早，因为我们在一些关键性的论证上还未取得实质性的进展。

对于星云演变的最初时期我们已经了解得十分清楚，第一阶段它还只是一些颗粒般的球状物，然后演变为大致可以辨认的恒星，到最后则变为一团形态更具实质性的恒星。哈勃的观测还可以持续下去，直至弄清楚星云如何从最后一种形态持续演变为纯粹恒星云团。

故而，如同我们之前的猜测，恒星的形成方式大致如上述所讲的那样，但是因为声名远播的"万有引力不稳定性"作用使得其母体大星云的存在更加早了。无论何种混沌的气团在这种作用下都可以分化成独立的凝聚体，并且，愈为稀薄的初始气体，便会产生并形成愈大的聚积体质量。在原始星云密度极低的情况下，能够产生相当于太阳质量的几十亿倍的凝聚体。在不断的收缩过程中，星云的密度逐渐加大，聚积体借由旋转甩开气体状物质时，拥有恒星质量的物质团便聚合而成，即我们所见到的恒星。

相对于对演化进程后期的了解，我们对前期还所知甚少。超大星云的存在被我们推测为唯一一个促使前期演化过程发生的原因。到目前为止还没有出现能够证明原始混沌星云曾经存在的证据。不论当时的真相是什么，作为假设提出的原始星云存在说可以使人信服地解释现代星云存在的情况。除此之外，我们并非只认识到恒星是存在的，我们已经得知在理论层面恒星形成于星云中的气团，是大星云最为稀薄区域的赤道边缘。借助望远镜我们观察到了星云边缘和恒星，因此衍生出了早期对恒星起源的探究活动。

关于银河系

假设之前作出的对恒星诞生的推测都成立，则太阳和行星必定是在同一个旋转的星云中产生的。实际的观测为这一结论提供了强有力的依据。自赫歇尔父子时期开始，已经时常有人提出认为银河系的形状如同一个庞大星云，而充当最原始的星云赤道面的即为银河面。仅以观测结果为根据，现在天文学界又转变观念，不再单纯地将整个银河系看作是旋转星云，而将它看作是旋转星云的一部分。更甚者认为银河系或许仍位于还没有进化为恒星的星云中部。从星座的角度看，黑色的云状的天蝎座和蛇夫座，它们既有可能将银河系的中心遮蔽，又可以把它们自身看作是中心。

1904 年，卡普坦注意到围绕在太阳周边的恒星运动方向是有规律性的，它们按照银河系平面的相同方向向前运动，而不是杂乱无章的。这被称为"星流"。恒星的运动规律也许会导致其光线投射回原点。

在整个银河系中，万有引力作用引导着每个星体以繁复的轨道运行着。将它们的轨道完全详细测算出来是不可能的。相对而言测算环绕恒星运行的行星轨道要容易些，由于其中只包含恒星和行星本身两个天体。不过即便在只包含三个天体的情况下，也就是太阳和两颗行星，想要算出这两颗行星的环绕运行轨道也是不可能的，因为其中任何一个都会被其余两个的吸引力所影响。这就是遗留至今仍无解的有名的"三体问题"。如同在银河系中的情况，将几十亿颗星体都囊括进来，运用各种方法去计算每颗星体的运行轨道，那根本是无用的。这种无用性也同样体现在没法测算每个分子在气体中的运行轨道。

但如果我们掌握了有关气体特征那般的统计方法，也许能帮助我们研究恒星的运动。对于众多的恒星我们并未一个个去研究，而是将它们用群体来划分，从区别性出发去逐一研究。这就像是铁路公司在预报伦敦和布赖顿之间的假日银行的交易情况之前，必须先要分析每一个伦敦人的财政情况、生活习惯和心理特点。

不需要精确的计算，我们可以观察到任何一颗行星都有属于其自身的运行轨道，当它环绕着银河系运行过大部分区域后，仍会返回到靠近起点的位置。在计算后我们得出，这样运行一周需历经几亿年。即便是这样，地球诞生时或许恒星已经绕行了好几圈。假设在几百万亿年前恒星便已存在的假设是正确的，那么任何一颗恒星都足以在银河系绕行几千次了。根据这一点，我们发自内心地希望目前银河系所展现出的已经是确切的、恒久的形态；在分布上恒星已经稳固，且已处于接近某种稳定运行的点上。

通过调查统计可以得出，若要使在足够长的时间中生成的恒星系达到稳定状态基本是不可能的。假使将整个恒星系置于没有旋转的情况下，那么只存在一种排序法：恒星成为一个各要素都对称的完美的球状体。球形串，这种我们之前曾讨论过的结构型与完美的球状体最为相似，即便沙普利已发现其中的大部分都并非绝对意义的球形体。假使整个恒星系是处于旋转之中的，那么其整体结构或许是扁平且对称的，如同一枚硬币、一块手表或者一片饼干。换句话说，处于旋转状态的恒星系，它的形状必定和我们已经确认的银河系的外形完全一样，并且处于这样星系中的恒星，其运动轨道的形态也一定会呈现出如卡普坦所发现的"星流"那样。

不管根据银河系的形状，还是根据恒星的运行规律，都可以证明整个银河系肯定处于旋转状态。近段时间沃特（Oort）、普拉斯凯特协同其他人以实际观测研究证实了旋转理论的真实性。由星体的旋转可以得知整个银河系公转1周的时间约为3亿年。这在方向上或是距离上都和旋转大轮子的中心非常吻合。也恰巧符合之前沙普利进行球形串的分散研究时提出的银河系中心的几何形理论。

因旋转不能凭空臆想，所以在通过实际观察后得出的全部现象都证实了银河系肯定来自一个旋转体。而大星云，则是我们了解到的唯一一种能够演化为银河系的大型天体。目前大部分大星云被看作是旋转的，并且有一些已经被确信是旋转的，似乎已经找到依据使人们相信银河系必然源于一个星云，除非假如我们能够观测到足够远的距离之外的其他大星云，确认其结构仍然是星云的结构。3亿年大约是银河系的旋转周期，长于任何一个已经发现或猜测的其他星云的旋转周期，实际上银河系的体积大于已经发现的其他星云，其旋转周期也由此决定。除此之外，囊括在银河系内的恒星数量多于其他星云，因而总质量也更高。故而以上种种都显示，倘若银河系曾经或现在是一个大星云，其必然拥有与众不同的体积和质量。

我们已经了解太阳和其他恒星由于光和热辐射而使质量减少的变化过程。此后我们还会了解到银河系的总质量也会这样不断减少，在不断减少的同时还有作用于组成恒星的万有引力。倘若万有引力作用顷刻间完全消失，那么每颗恒星都会变为保持现有速度进行直线运动。在其他恒星毫无万有引力作用时，则不会存在弯曲的轨道，那么现有的银河系包含的行星在短时间内便将扩散到整个宇宙之中。总之，倘若作用于恒星之间的这种相互牵引力不复存在，那么整个银河系将会在顷刻间向外膨胀。

即便此类情况发生的可能性极小，但是恒星不断发散光、热而造成的质量减小，也有可能使相互间的引力渐渐消失，最终肯定会导致银河系每时每刻都在以缓慢的速度膨胀。根据推测，若以目前的速度膨胀，大约历经 3×10^{13} 年其体积会增大一倍。在过去，其膨胀速度肯定比现在快，曾经那个更为年轻的恒星必定以更大的扩散量将物质能量向外延伸，所以，曾经的银河系同现在的相比极有可能更小，更精密。也极有可能存在更小的原始星云。

我们已经清楚大星云中的恒星集结成球或串的变化过程。类似于普通类型的恒星串，银河系中的球形星群可能并未受到别的恒星群的干扰。故而可以推测，它们如同气团一般在自身内部引力的相互吸引下仍维持着球状形态。沙普利观察到，恒星串位于银河系平面靠外侧的位置，它们看上去被凌乱地分散开；或者不停地在这一层面运动，甚至有可能与其他恒星相遇。

比较那些经常被描述为运动星群的特殊的恒星群，如：昂（宿）星团、毕（宿）星团、大熊星座，以及宇宙中与之为伴的其他运动星群，不难发现它们基本上都是在银河系层面运动。除去完全无固定形态可言的最大天体，其他都极有可能呈现出受到其他恒星影响、扰乱的球形星群的最终迹象。通过数学分析得知，这样的运动星群在与其他处于不同位置的银河系平面的恒星相互影响后，或许会造成每个星群变为饼干形状或手表形状，直径约为厚度的 2.5 倍。这样的扁平状是大部分运动星群的状态，这一点尤为重要，它的数量接近于推算量，甚至存在这种可能性，即太阳周边的"局部星群"全为这些恒星群的残留物质。

这些恒星群的旋转运动同样加剧了它们的扁平程度，方向和运动方向相互垂直。其中一些星群明显呈现出越加扁平的趋势，其典型范例便是大熊星座。

双星的衍生

当我们探索星云是否有可能在混沌中诞生时，我们仍想要探究目前在原始介质中的物质存在也会促使星云产生各种各样的旋转方式。如同由星云演化出的后代，旋转伴随着恒星诞生之初便已出现。促使其旋转的原因多种多样。在多数情况中适用的"角动量守恒"定律是促成旋转的决定因素，如同能量永恒存在。由于它的总量不变，所以一个星云所具有的旋转性在其分离为多个恒星后仍然存留于其中。但凡是由星云生成的恒星，旋转性也会由母体遗留到生成恒星上，并且在旋转中产生的星际物质也衍生于凝聚进程中。

它们自身的物理环境（形势）的变化是由于质量的不断减少。在下一章中我们可以学习此变化中涉及的恒星直径的缩小。同样的由"角动量守恒"原理可推断：恒星在其自身缩小的情况下，其旋转速度会逐渐加快。简单地说，即随着恒星的年龄增大，其旋转速度也会逐渐加快。

不难看出诞生于星云之中的恒星，与生俱来最重要的特性即是旋转。正如我们知道的，完全不会旋转的星云必然不能分离出恒星，并且实际的观测已经有力证明了这一预言性的理论。除此之外，我们已经了解到生来便具有旋转性的星云是如何在缩小的情况下不停地加速旋转，使得每个星云最终分离、再造一个恒星家族。显然，目前的疑问是，在恒星不断增加的转速下，它是否有可能按照一定顺序不断地分离，继而形成第三代天体。或许我们还心存期望，将数学分析同样使用在忽略其质量的大小天体范畴。仔细分析这个问题，表明在现实情况下我们处于思考中的状态还会发生，倘若在物理条件适宜的情况下，更小的下一代天体仍会出现。

　　但是，没有出现适宜的物理条件，最起码在一个方面有所表现。一颗旋转的恒星在赤道面上将气态物质向外释放，我们可以假设这些被释放出的气态物质所形成的凝聚会与过去的保持一致。可是通过测算得知，除去在分子运动速率极慢，并且这些凝聚物的质量远远超出整个恒星的质量的情况下，不可能再出现二级凝缩、聚集的情况。这一测算证明不管在怎样的分子运动速率下，其甩出的气态物质都无法形成凝聚物。与此同时也不可能分散到宇宙之中，也无法演变为有准确凝聚物形式的大气团。

　　假如将恒星看作是同它们的先辈星云一样的纯气团，那么之前所阐述的即是它们的活动、演化过程。

液态星体的分裂过程

　　我们已经完全理解在引力的作用下，一个没有旋转特性的气态星云的形态会呈现出无可挑剔的圆球体，但是稍微带有旋转特性的情况下其形态则会类似于扁形的橘子，就好像地球的形态。地球即是在旋转作用下呈现出的这种形状，虽然其内部结构在很大程度上有别于气态星云。

　　精确的数学研究表明，对于所有可以以较慢速度旋转的星体而言，如若不考究其内部结构，则呈现出扁平橙子形状的外形是极为常见的，差不多包括了所有气态的、液态的或柔软的星体。可是对于转速较快的星体而言，其外形则取决于它的内部结构和成分，尤其是那些大部分质量都集中在中心周围的星体，则会更多的影响到它的形状。

　　在气体高压缩性的作用下，纯气团的中央质量、密度有可能出现极值。而在均质的、不可压缩的液态物质（如水）中也有可能出现相反的极值。中心浓度在水中完全不存在。例如后者，此类的物质加速旋转，它不会呈现出轻微扁橙形，而是极为明显的扁平橙形。在赤道周围，气态物质不可能存在形成明显边缘的倾向，而会形成一个椭圆形剖面。当转速继续加快，那么赤道面便会从圆形变为椭圆形。这时同一物体中便存在三种不同长度的直径，但每个剖面必

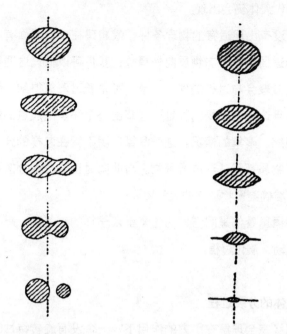

图 27 液体星体的凝缩过程　　　　图 28 气态星体的凝缩过程

定为椭圆形，则这个物体便是一个"椭圆体"。然后，最大直径则会继续向外延伸，延续到这个椭圆形物体变为一个雪茄形物体时，其长度约为最短直径的三倍。

　　此时新的变化逐一上演。液态物体借由从最大直径的凝缩，逐步汇聚为两个突点，从而形成一个纤细的腰，或是垄状的沟横跨中部。随着沟逐渐加深，最后原物体被分割成两个各自独立的个体，并在其各自的轨道上运动，一对双星就此出现。其持续变化过程可见图 27。

　　为方便比较，图 28 为旋转气团形态的持续变化过程。此图中所展现的星云形态的持续性变化和实际观察中看到的完全一样。

　　图 27 和图 28 分别展现了凝缩过程中的两个间断演化，它记录了两种极端状态，首先其下的旋转性物质实体完完全全地被等份分离，之后其物质又在中央部分高度集中。因为当介于两种极端状态之间时才可以构成实物天体，自然而然地，我们也会认为天体会演化出介于两种状态间的凝缩，如图 27 和 28 所

示的情况。但是经理论证实，实际情况并不是这样。如图 27 展现的连续变化，并非所有星体的中心聚缩程度都高到可以满足那种条件，或许只存在细微的区别；所有中心聚缩程度非常高的星体都可以发生如图 28 所示的变化。所以当中心聚缩达到某种程度时，其所发生的变化或如图 27 所示，或如图 28 所示。总而言之，不论是液态或是纯气态的旋转星体，它们都有其相对应的演变形式，中间形式则不可能出现。

实际的天文观测有力地证实了大部分恒星乃至全部恒星都在发生着如图 27 所示的连续变化。以我们现在所了解到的，想要解释众多分光镜下呈现的双星形态，恐怕再没有比这种变化过程更为合理的了。双星系中最为重要的两个要素即相互运行的小型双轨道。正如前面所讲到的，这些恒星的星体中心聚缩度不能处于极端状态。这时所产生的变化过程将会是液态的而非气态的。

在分析和阐释星体分裂的详尽过程时我们可以完全依靠于数学，但却基本上不可能用实际观察去验证理论结果。单一独立的恒星在空间中是没有的，对此我们得出这样的分析结果：这颗恒星必然是在分离过程中分裂而成的，而且最终必然变成一对双星。也许这原本就没有什么可奇怪的。恒星的生命周期中，类似于这样在非常短的时间内发生分离过程的几率很大，不管何种情况下，在观察研究一颗恒星一分为二的分离过程前，我们都应当专注于更多恒星的研究。

换个角度看，一颗处于分离状态的恒星和其他的正常恒星极易区别开。由数学分析表明，处于分离状态的恒星内部充斥着骚乱、混沌，故而它几乎无法发出稳定的光线：即它是一颗"变星"。而且，它应当处于不断变化的状态，虽然到目前为止我们还不确定是否能在数年的观察后迅速探寻到这种不断减弱的变化。最终，我们假设当一组或某级恒星被推测为已分裂时，那么便可以将它们划入早已产生分裂进程的恒星范畴中，在它不断变化后最终变为具有新形成的双星物理属性的恒星。

近段时间，我对造父变星提出假设，其尚未被研究的光波动机制极大意义上为天文学家提供了帮助，其实质只不过是处于分裂状态的恒星。但是在我们进一步探索这一复杂问题时，缺乏必要的间隔时间成为障碍，即借由数学分析

提出的处于分裂状态的恒星特性能够表现到何种程度。当然，相信理解它们符合这三条简单的检验标准是非常容易的，它们必然是变量，况且来自于不同恒星的光线相似度极高，使人们差点相信它们是在同一机制下产生的。据推测，大部分的造父变星的周期是处于不断变化中的。已经被观测了 126 年的样板星——造父变星 δ 由赫茨普龙推算出，它的光波动周期持续以每年 $\frac{1}{10}$ 秒的速率缩短。这样，在历经 100 万年后，它的周期会由原先的 5 天变为 1 天多一点。最终，奥托·斯特鲁韦博士发现造父变星的变化过程与最新形成的双星演变过程极为吻合。因此似乎十分中意造父变星的"分裂论"。可是这项理论理应经由全面的检验再让其他人接受，到现在仍无法确定它是否已经受到全面检验，被大范围地接受和承认也许是有可能的。

普卢默和沙普利早先还提出了一种可以作为参考的观点，他们将造父变星看作是无数个脉动的气态天体。爱丁顿和其他科学家曾针对此类气态天体的运动情况做过数学分析和研究，但是并不能说明观测到的造父变星的运动情况在实际情况中仍然适用。

双星的演化过程

不管双星系统是怎样形成的，显然我们正致力于探寻此类星系的演变过程。在同一时间发生影响的有三种因素。

潮汐阻力

这三个因素的第一个在短期内被乔治·达尔文爵士命名为"潮汐阻力"。最早看到它的是达尔文，并对其作用方式进行了研究。分裂于同一个旋转天体的双星系统，当已分离的两个个体相互之间距离很近时，它们之间一定会发生潮汐作用。达尔文提出：两个个体在潮汐力的强力下被迫分离，且保持相同的旋转速度。这样的影响持续了几百万年，这两个天体自身的转速和相互间的公转速度必然逐步相同，因而两者在长时间内都以同一面朝向对方，相互环绕，

犹如哑铃般被一只无形的手所牵引。

　　严谨地说，恒星和一个行星不能组成一对双星，可是能够被潮汐阻力所支配的特点却和真正的双星体系如出一辙。因为我们可以观察到，受到潮汐阻力的作用使得水星始终以同一面朝向太阳。金星以日，甚至以周为周期缓慢地自转着，但是它始终以同一面朝向太阳。倘若更深入地进到宇宙空间中，潮汐阻力所产生的影响或许会在顷刻间荡然无存。不要忽视另一个意义非凡的结论，那就是像地球、火星这些较为接近太阳的行星以 24 小时为"日"周期，而像木星、土星、天王星这些距离太阳较远的行星，则其"日"周期大约只有 10 小时。我们现在还不知道海王星的自转周期。排除前面已经提到的结论，我们会发现在一般情况下可以得出如下观点：距太阳越远的行星，会以越快的速度自转。对于这一显而易见的变化，可以说其诱因便是潮汐阻力。

　　同样的原理，现已存在的地球—月球体系布局的形成原因也很有可能是潮汐阻力。月球可以同地球保持现有的距离不变，且朝向地球的也始终是相同的一面。其中必定受到了潮汐阻力的影响。地球上的海洋发生的涨潮现象基本上都和月球的运动息息相关，潮汐拍击着坚实的陆地，使地球的自转速度逐渐减慢，使白昼的时间逐渐延长。在潮汐的持续作用下地球的自转速度不断减慢，直到地球和月球以相同的速度自转和公转。倘若如此，那么地球会保持以同样的一面向着月球，居住于地球上的人们在一个半球中都无法看到月亮，而居住在另一个半球上的人则可以在月光下度过每个夜晚。这时，便可以确定日和月的周期：47 天大约相当于 1 月。经过测算后杰弗瑞得出结论：这种情况再次出现大约需要再过 5000 亿年。

　　在这之后，潮汐阻力不会再拉大地球、月球之间的距离。地球的自转速度会在太阳潮汐和月亮潮汐的共同作用下逐渐减慢。并且它们的共同作用力会逐渐变大。此时，月球和地球之间的距离也在逐步缩小。随着时光迁移，直到某天月球和地球的间距不大于 1.2 万千米时。倘若真有这么一天那会发生些什么呢？在地球的作用下，诱使月球内部发生剧烈的潮汐增长并将其粉碎，这些碎片将会环绕在地球周围，聚成一个小行星系。如同环绕在土星周边的土星环，或环绕在太阳周边的小行星。

关于地球的寿命，我们已经掌握怎样借助现有的地球－月球系统去推算。杰弗瑞提出预言性结论：现有布局必然是整个体系历经400亿年的演化过程才能出现的。

如果参照地球的标准，那么400亿年无疑是非常漫长的。可是，这个时间对于一颗恒星的寿命而言却极为短暂。仅仅需要消耗寿命的很小一部分，两颗双星系子星便可以形成如地球－月球体系一般的布局，之后彼此不断靠近，一直持续到一种平衡状态的出现。这时两颗星都可以始终用相同的一面朝向彼此。截止到这时，星体间的距离在潮汐阻力的影响下发生了变化。当达到上文所述的状态时，作用于两个星体间的潮汐便会呈现稳定状态。即在潮汐阻力的作用力达到极致时就不会再产生影响。在这之后，两个星体的自转方式会像其他永久物体一样。

质量的减少

当潮汐阻力失去作用后，另外一股力量就会变成主要作用力。我们曾大致计算出，太阳的质量在以每分钟2.5亿吨或者与此接近的速度不断减少，而且，这种减少还要持续很长时间。正是因为这样，以太阳现有的质量来说，地球与太阳保持目前的距离，刚刚适合。假如太阳的质量在不久后又减少一半，那么其对地球的引力也会随之缩小一半，而两者之间则需要通过扩大距离来保持引力平衡。

事实上，太阳不可能立马就损失一半质量。但按照上述说法，就在刚刚过去的四分钟里，太阳就已经减少了十亿吨的质量。也就是说，它对地球的引力也减弱了，地球的公转轨道也随之扩大了。这时，地球绕太阳公转的轨道半径比四分钟之前要明显扩大了。通过测量得到的数字记录，直观地表明了这一点。它暗示着，地球的公转轨道并不是一个完美的圆圈，甚至都算不上是一个离心率较小的椭圆，只能算得上是一种回旋的曲线，形状就像分散的钟表发条。每年，地球都会向未知的浩瀚宇宙迈进一步。根据精确的计算，地球与太阳正在以每一百年增加一米的速度分散。这个结果跟银河系中的恒星质量不断减少导致的结果一模一样。但它们之间有一点不同，那就是，银河系中不断膨胀的星体成千上万，而太阳系中仅仅只有地球与太阳两个星体。

所有的两星体系中，质量减少导致的后果都是如此。情况通常是，两颗星都会减少质量，也都会减少能量。我们通过仔细计算，说明了就算两颗星之间的距离不得不一直扩大，但它们的自转轨道不会发生任何改变。

我们经过讨论，知道了潮汐阻力和质量的减少两种因素。但是，如果想要解释清楚，为什么两星轨道会发展成目前的状态，单单只靠解释其中一颗星体，或者是这两颗星体，是不够的，还必须要借助第三方的力量。这种力量在我们依据数值来计算轨道角度的时候，已经提到过，那就是路过这个体系的其他星体，也会对这两颗星体产生引力作用。

在亿万年前，便产生了质量减少的情况，潮汐阻力已存在了上百万年，星体经过时引发的引力影响，也存在很长时间了。三者之间相互作用，对两星体系的发展变化，起到了推动作用。这样，两颗星之间距离不断加大的同时，轨道也发生了变化。

裂　变

双星体系的轨道不断变化时，因其本身质量也在不断减少，所以这两颗星本身的物理性状也在发生变化。通常情况下，如今的星球与早期的星球比较，反而变小了。如果这个星系中的任意一颗行星收缩，都将导致它的形状发生变化，与上面我们仔细研究过的两星体系一般分布下的形状不再一样。当星体的收缩持续进行达到一定阶段后，星体本身就会分裂成两个部分。双星体系就是如此，最后分裂为三颗甚至四颗星体，成为这个体系的子体系。以前，罗素曾用数学方法证明过它：假设一个两星体系中有P、Q两颗星，如果Q分裂为Q、Q′，组成了P、Q、Q′三星体，那么Q、Q′之间的距离最大不超过P、Q本身距离的$\frac{1}{5}$。这一理论性定理已为实际观测作了最好的诠释。

以下五个不同时期的天体变化，呈现了星系从最初的混沌时期开始的变化轨迹：混乱状态－星云－星体－两星系－子星系。

　　但如果子星系中的星体恰好也发生了分裂，可能天体的变化时期就得又增加一个了。星体变化从最初的单一个体，不断裂变，直到越来越弱小，最后到不能再分裂作为结束。虽然这个变化只是一种理论上的阐述，但我们不应该对它产生怀疑，因为，各个时期的演变状态，都已经经过实践的证明了。

对太阳系的探索

　　我们能观测到的全部天体，几乎都适用于前一节所说的演变过程，无论它是完全正确的，还是只是一种合乎情理的假设。但有一个特别的例子除外，它让人感到困惑不已，那就是太阳系。当初就是要研究太阳这颗球体，人们才踏上了天文学研究的道路。但这一学科的研究一直因为历史原因而备受限制。天文学发展的最初阶段，对太阳系以外的星体的研究是非常少的。如今，我们的研究足以让人们去太空旅游，并且对所见到的星体品头论足。但是当话题回归到我们置身的太阳系时，那些刚才还夸夸其谈的人，又缄默了。

拉普拉斯的星云设想

　　如果规范点来讲，较为科学的天文学最初产生于拉普拉斯著名的"星云假设"。1755 年之时，康德曾经用文字表述过，那些混沌的不知名气体，逐渐凝聚成了会旋转的星云，他相信这团星云正是太阳系的最初形成状态。如果行星的形成过程正如康德所想那样的话，那么我们所猜想的恒星形成过程也与之有异曲同工之妙，都是由旋转的星云甩出的气体固化形成的。拉普拉斯在 1796 年提出了与之类似的看法，且加以研究，最终在数学的准确性上比康德更胜一筹。他所描绘的景象如下：随着星云旋转速度的加快，它逐渐收缩成一团，强大的离心力将一团呈凸透镜样的气体甩了出来。这团气体被甩出来时，仍然保持高速旋转，同时将自身内的其他物质全都抛弃到赤道平面上，或者在收缩时将其他物质甩在身后。虽然当时拉普拉斯对星云的各种类别还不甚清楚，但他认为，一圈圈围绕着土星的卫星或许是个不错的参考对象。根据拉普拉斯的猜想，被大星云甩出来的气体，会逐渐聚集收缩成一团，最终形成一个独立的行星。大星云继续旋转收缩，更多的气团沿着赤道平面被甩出来，这些气团再进行浓缩，接着，更多的行星诞生出来了。长此以往，大星云渐渐不再旋转收缩，新行星的产生也随着结束。同样，这条定律也对行星本身适用，它周围的卫星就是以这种方式形成的，只是数量和范围达不到大星云的规模。

初听起来，拉普拉斯的星云假说似乎也有些道理，老百姓们似乎也认同这种论调。然而，随着岁月变迁，拉普拉斯的星云假设越来越凸显出弊端，终于在一百年后，这个假说遭到了声势浩大的反驳。最终，星云假说被推翻了，而其中有一个关键论点起着决定性作用。

根据拉普拉斯的星云假说，太阳星云的强烈旋转会将气团甩出来，这些气团最后又浓缩成一个个行星。可是，根据观测与常理，越是高速旋转的星体越不会甩出本身物质。虽然曾有飞轮因为转速太快而导致分裂成大小一致的碎块，可这只是巧合而已，并不能以偏概全。在光谱学中，一些高速旋转的行星会分裂成多个行星，从而形成双星体系及多星体系，可这些体系与太阳系全然不同，不能相提并论。

按照角动量守恒定律的说法，太阳现在的自转速度以及围绕它旋转的行星公转速度，都必须跟原始太阳的自转速度成正比。想要计算出原始太阳的角动量，除了将上面所提及的作用力考虑进来外，还必须考虑到太阳辐射的损耗（损耗量从行星诞生时算起），从而才能减少误差。如今，我们根据已经掌握的、精准的地球寿命，可以将这些影响力的比例计算出来，但这个比例太微乎其微了，可以忽略不计。

当然，我们还可以用比这更精确的方式来计算原始太阳的角动量。我们可以从木星身上找到这个方法的线索，因为有95%的太阳系角动量存在于木星运行轨道中。既然占绝对性作用的影响力已经找到破解方法了，那么剩下的5%也就无关紧要了。

但是出乎我们意料的是：通过计算，原始太阳星云的自转速度远远不能让它发生分裂。显然，以现在这种自转速度，也无法让太阳四分五裂。通常情况下，但凡有星体趋向扁平状时，就预示着分裂即将开始，可我们通过最精密的仪器对太阳形态进行测量后，也没有发现它有趋向扁平的迹象。我们将木星及太阳系中其他行星的运动来进行角动量对比，最后得出如下结论：原始太阳星云的自转速度及其趋向扁平的程度皆与木星相同，这一点我们可以通过天文望远镜甚至肉眼观测到，但这些依然无法让太阳星云分崩离析。

行星从诞生到现在，太阳至今没有太大变化，行星的岁数有 20 亿年了，可是与太阳的寿命比起来，简直就是一眨眼的功夫。大家可以想象一下，太阳如果在这 20 亿年间收缩过的话，以现在的角动量而言，原始太阳星云完全没有分裂的可能性，甚至在如今，太阳也不会因此分裂。故此，不管运用哪种方式，其固有结果仍然无法改变，而太阳系的形成也绝非拉普拉斯所设想的那样，是太阳星云高速旋转导致分裂而生成的。事实上，现有转速所产生的角动量与导致分裂的角动量比起来，实在微乎其微。

不可否认，拉普拉斯的确是位杰出的数学家，其所倡导的抽象论在数学领域还未曾遭到过质疑，其数学推理的正确性还体现在他所拍摄的旋转星云照片上，无不透着现代解析及观察的严谨性。当然，拉普拉斯是个毁誉参半的人，对他的质疑还有 $\frac{1}{3}$ 与其他学科有关。虽然他所记录的星云演变过程大多与他预料的一样，但是这些假象范围太过局限性。原始星云并不是只能产生一个太阳，或者是七八个如同地球大小的行星，它拥有可以诞生千万个太阳的物质基础。

或许有人会问：这样的演变难道在拉普拉斯假想的小范围里不会发生吗？莫非是因为我们当前所应用的数学结论与天体领域没有关系？其实答案早已浮出水面了。或许这种演变在限定范围内尚可实现，可一旦与浓缩沾上边，这种演变的范围大小就难以预料了。我们在之前说过太阳是由无数个分子浓缩而成的，可是一屋子的分子则无法浓缩成任何物体，因为分子的数量实在太少了。依此类推，太阳在浓缩过程中所漏掉的分子（若太阳转速够快的话，就能将分子甩出）并不会聚集在一起浓缩成任何物质，只能是飘散在太空中，因为它们的数量还是太少了。这一结论其实早已被数学计算准确验证过了，这与拉普拉斯的星云假想全然相左。我们可以忽略细节上的瑕疵不计，固然可以解释太阳系从星云中形成的过程，但却无法说明太阳系的行星是如何生成的。

按照拉普拉斯的观点，宇宙中，太阳是独立的星体，即便是与它最近的星体也不可能对它形成影响，因为两者距离还是太远。在以上章节中我们曾探讨过，两个星体可以对彼此产生影响的几率很渺小，即使这两个星体是互相靠近彼此的。即便是单个星体，也无法证明太阳系的形成与它们的进化模式有关。1750年，巴芬提出过一个观点，他认为是其他星体撞击了太阳，从而衍生出了太阳系。这个观点虽然曾经引起了拉普拉斯的注意，但由于该观点无法解释行星近圆轨道，而草率地否定了巴芬的理论。可他不知道的是，他本身的出发点就已经错了，从而才发出这样的否定。当人们普遍认识到单独的星体是无法产生太阳系时，我们就会另寻他法，会对星体的运行轨道进行研究，去观测它旁边运行的另一个星球对它是否有影响，当这种情况发生时，该星球的演变过程又会是什么样的了？

潮汐定律

或许有人会说潮汐会对星体的运行起着影响力，其实潮汐的影响力非常小，完全可以忽略它。而与之相反的是，星体对潮汐的影响倒是非常大，当两颗星交汇时，其中一颗星总会影响另一颗星的潮汐，且距离越近，所激起的海潮就会越高。值得我们注意的是两个星体交汇时的速度，因为速度会对两个星体互相影响的时间起着决定作用。

潮汐运动极有可能衍生出赐予星云名字和外部结构的旋转臂。但是状况有所不同的是，当星云旋转时，会沿着赤道面散发物质，这些物质在经过弱小的潮汐作用下，会集合在一起形成两个对称臂。在星际形态下，想要从星体上牵扯出物质来，只有距离越近，可能性才越高。

假如某个星球离地球的距离非常近的话，那它所牵引出的潮汐绝非太阳与月亮在地球海洋上掀起的潮汐可比。它以强烈的方式掀起如山峰一般的海浪，并挟裹一些杂质脱离地球表面。倘若两个星体的距离再近一点的话，那星球上的山脉或许会变成长长的气体柱，从星球上飘散出去。根据常理，两个星体之间的质量也非常重要，总之就是质量小的受质量大的影响，质量小的星体会比大的星体失去更多物质。

行星的出现

在最初，那些因为潮汐影响而脱离星体的气体柱或丝状物质，依然保持其原有形态不变。解析它们的科学演变，这给"引力不平衡性"的探究提供了一个很好的课题，这也表明浓缩最初是出现在气体柱里的。这些浓缩物正如上文所述的那样，越小的浓缩物消失的速度就越快，越大的浓缩物反而能增加密度，并持续增多，直到丝状物全都裂变成多个游离气团。但值得我们时刻铭记的是，这一过程必须要有一个广大的空间才能完成，太阳系与之相比，终归还是太小。否则，要想以我们现有的天文望远镜捕捉到以上所说的变幻，根本就是痴人说梦。

当新生的行星作为单个星体开始在运行轨道上运行时，有两颗星球会对其进行引力干扰，使其运行轨道变得更为复杂。此后，大星体的引力干扰会逐步减小，这颗新生行星则开始围绕另一颗小星体运行。当然，如果这颗新行星运行的区域非常干净、没有其他行星干扰的话，那它运行的轨道必然是规整的椭圆形，彗星、流星以及太阳系中的一些小星体正是此类星体。然而刚刚结束的碎裂运动会产生许多渣滓，很多星体不得不在这种弥漫着气体和尘土的太空中运行。所以，新生的行星只能借助其他媒介开辟出属于自己的运行轨道，虽然这些媒介会对行星的运动造成负能量。而行星此时运行的轨道就不再是规整的椭圆形了。如今，我们已经验证了，正是这些负面干扰改变了轨道的外形。凡事皆有利弊，若这些负面干扰持续的时间足够长的话，轨道的外形最终会逐渐变圆，且是最圆的圆。

但是，这种概率非常小，因为行星最终会将残留在轨道内的杂物全都清除出去，直至消失不见，如此一来，绝对圆的行星运行轨道就难以出现。如果说这些状况早已出现在太阳系，那么，即便是再细微的破碎物也难以存留，因为这些破碎物极有可能会形成黄道带上的尘埃。但即使是这样，这些媒介仍会表现出其原有特质，逐步改造行星及主星的运行轨道，使其尽量圆整。杰弗瑞正在做一项课题：探索这些变化要到什么程度才能发生，同时，他还对相关行星诞生时间的预测进行了验证。

现在，请将我们的视线转移到一些物理变化上来，因为任何行星都会遇到这种变化。假如第二星体与太阳的距离最近，且其万有引力最大时，那它从太阳上牵扯出来的丝状物，最饱满的部分一定是中间。现在，让我们用具体图形来表现这种丝状物质吧，比如，它或许更像是一支雪茄：中间粗，两头细。如此一来，一旦浓缩发生，中间部分必然就会比两头的结实。或许这就可以解释为什么是木星和土星占据了太阳系的中部区域。

在火星与木星之间，有很宽的一段区域，里面有千万颗小行星在运行着，如今，我们把它们当成一颗行星，因为它们似乎是由一颗行星裂变而成的。

我们可以想象一下，将太阳系所有行星用线条（图29）围绕起来，勾勒成雪茄那样，那我们就会发现行星最大的区域，物态数量和形式也最多。

卫星的出现

在上一章节的内容中，我们注意到太阳及行星的质量悬殊，同时，质量的不同也明显地将行星的形成过程与双子星的形成过程划分开来，表明了这种区别有着本质上的不同。这样的区别也表现在行星和卫星之间。如果说太阳是父

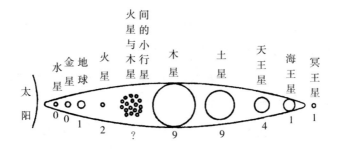

图29 展示行星从雪茄状丝状物中产生的过程和顺序，图下数字代表每颗行星的卫星数目

亲的话，那么行星就好比儿子，父亲比儿子大是理所当然的事情，自然也就比孙子卫星更大一些了。在太阳系中，最大的行星是木星，而太阳的质量却是它的 1047 倍，它又是最小行星的几百万倍。但是在土星系中，相应的数据是4150 倍和 1600 万倍。而地球与月球的质量比例是最小的，地球是月球的 81 倍。在太阳的行星系中，木星系和土星系就验证了一种倾向：离行星越远的卫星质量越大，同时数量也最少。这又一次验证了雪茄状星系中，越是中间部分，物质数量和形态就越丰富。星体质量间这种极大反差，强有力地证明了卫星的产生过程定然与其父辈——行星的产生过程是相似的。

我们不妨对行星的形成进行设想：但凡有行星形成，它必然要经过冷却阶段。行星越大，冷却时间越长，例如木星和土星就是如此，相对来说，小行星的冷却速度会较快一些。这些小行星一经诞生，就会迅速冷却下来，最终形成液态星体或者固态星体。所以，产生这种状况就必然需要一定的过程。新诞生的行星在开辟自己的轨道时，或许会自取灭亡，例如当它离太阳很近的时候，就会发生爆裂。在这个过程中，太阳扮演了原来太空中流星的角色，而行星则扮演起原来太阳的角色。太阳从行星表面牵扯出一些丝状物，而这些丝状物最终会凝固成卫星。从某种层面上讲，这个结论很好地诠释了卫星的产生经过。

有数学研究证明，越是液态的行星，越是难以被气态的太阳击破。如果在这种情况下，行星还是不可避免地被太阳所击破的话，那足以说明行星和卫星的质量相近的程度要比行星以气态形式存在时大很多。如果我们从气态的行星出发前往液态的行星时，我们就能发现有很多卫星的行星出现在它们之间的区域里。当我们从卫星大且少的行星旁经过时，就会看见很多没有卫星的行星了。

通过以上内容，我们了解到像木星和土星这种位于太阳系中的大行星，它们长时间处于气化状态，而小行星却迅速的液化。实际上，那些行星假想和理论都是从太阳系中得到的。

在太阳系中，木星和土星各有 9 颗卫星，之后的火星只有 2 颗与其比例较小的卫星，地球虽然只有 1 颗卫星，但是它们间的差距非常小，而金星和水星都没有卫星，而天王星有 4 颗小卫星，海王星和冥王星只有一颗卫星。如图 29

图 30 天王星的卫星图

所示，每颗行星下的数字代表了其卫星数量。当这些数据展现出来时，卫星系统也就一目了然了。同时我们会发现卫星系统和潮汐理论的格局是相同的。所以雪茄状的格局不但适用于行星，而且还适用于它们的卫星。

虽然地球和海王星只有 1 颗卫星，但是它们却将气态行星与液态行星区分开来。同时，这也使我们进一步了解到，金星和水星在诞生后迅速变成液态或者固态，地球和海王星有液态也有气态，而火星、天王星、木星及水星原本就是气态，且一直持续到它们产生出卫星。

在星体排列中，有一个特别奇怪的事情，那就是为什么火星与天王星的质量那么小了？这或许为我们更深层次验证潮汐理论提供了证据。如果我们提出的"行星是被太阳牵扯出来的丝状物形成的"假设成立的话，那么火星在诞生时的质量应该就处于地球与木星之间，而火星与天王星现在之所以这么小，大概是因为它们在诞生后，星体受到其他星球的牵扯，损耗了太多的物质。损耗过程从外层的气体开始，到内部的液体结束。如果说现在的火星与天王星真是它们原来星体的损耗残余的话，那么所有问题也就可以合理地解释了。

轨道面

任何运行中的星体，无论是气态的、液态的还是固态的，它们必然有一个旋转转动的轴，而与这个轴垂直的是把星体分为两个部分的赤道面。当星体在公转时忽然爆炸，赤道面与相对称的物体依然存在。

如果能够验证太阳的赤道面正是太阳系的对称平面，那整个体系就被划分成平面的两个部分，而完整的系统则可能是旋转中忽然爆炸产生的。不过，太阳的赤道面并不是一个对称的平面，它的行星也都不在这个面上运行，它们的运行面与对称面成 7° ~ 8° 的夹角。

那些关于行星是由太阳破裂形成的假设，当面对现实时是多么不堪一击，最简单的潮汐理论就是最好的证明。当行星还未诞生时，太阳就已经开始运行了，且保持自己的赤道面不变。那些由各个行星运行轨道组成的平面则来自于流星的牵引。从外层行星运行平面中，可以找到太阳和流星（被称为太阳系的第二个父亲）在 20 亿年前的运行平面，这是流星表明自己特征的唯一线索。当然，要验证它的身份，需要一个漫长的确认过程，而这条线索实在过于微乎其微。

当我们理清头绪，终于弄清了宇宙产生的普通机制，这一机制的完成，完全得益于星体的不断产生以及"引力不平衡性"这两种原因。正常的轨道应该是这样的：混沌状态－星云－星体－双星系－子星系。

一个星体经常没有后代就结束了一生，每个星体都不可能延续到最后两代，而且又无法产生公转。我们的太阳之所以是现在这样，完全是因为它凑巧地靠近另一个恒星的缘故。在它们的相互影响下，另外两代星体也逐渐产生，它们继续遵循着"引力不平衡性"定律。在太空中的其他星系或许也如同太阳系一样，它们的轨迹也是这样的：混沌状态－星云－太阳－行星－卫星。

两个系统历经五个时期的演变，每一代星体都由其父系通过"引力不平衡性"过程诞生，在这两个体系中不乏大家熟悉的大星体，因此我们可以毫不夸张地说：构成目前宇宙格局的基本理论就是"引力不平衡性"。

洛希极限

行星之所以有卫星，这得益于"引力不平衡性"的影响，当然，这也离不开气态行星自身质量偏轻，无法阻碍它向外漏洒。就算空间中没有星体对其进行牵引，仅靠它那微弱的引力，还是无法阻止外层物质的脱离。在太空中存在着各种各样的小星体，例如我们之前说到的小行星、流星、彗星和土星的尘埃。这些小星体还是太小，从而可以让我们非常容易地观测出它们诞生时并非气态，而是从大星体中脱离出来的一部分。这也符合小星体通常都是成群结队而非单个运行的规律。

长期以来，我们所看见的流星从来都是三五成群地出现，这种群体出动的方式让我们更加确信它们来自碎裂的彗星。同时，我们也应该将小行星单独列出来，虽然它们也是呈群体状态，但是如何确定它们的来历，对我们而言，目前仍然非常棘手。不可否认，这群星体或许也是来自某个大星体，例如土星的卫星环就是由其卫星的碎裂物组成的。而我们时常说起的彗星也极有可能是由许多颗粒组成，它们受万有引力的作用而遵循共有轨道运转。1909年，哈雷彗星被发现了，根据观测结果显示，哈雷彗星反射阳光的能力与一个直径25千米的星体不相上下，更让人惊讶的是，它的表面积足有一个类星体的30万倍大小，而且它的表面还能见光。由此，我们不得不作出以下结论：彗星在最初阶段是一颗完整的星体，后来被另一颗星体撞碎，从而变成一个由众多细小颗粒组成的星体。

我们可以想象一下两颗星球发生撞击时会产生什么效果。假设太阳曾经因为一颗靠近它身边的恒星的潮汐牵扯而引起崩裂，从而诞生了太阳的行星家族；再假设，这颗恒星不但没有离开，反而停止下来，那又会发生什么样的结果呢？它只要与太阳一直保持固定距离，那它的潮汐牵引力将会把太阳扯得粉碎。我们继续设想，只要这颗恒星一刻不离开太阳，太阳就会产生更多的行星，这种持续不断的停留终将把太阳扯成碎片。

1850年，洛希运用数学方式对潮汐爆裂的经过实施了探究。虽然他的研究

图 31 在洛希极限内，物件碎散

对象仅停留在固态和气态的星体，但无论是固态星体还是液态星体又或者是气态星体，它们最基本的运动原理终归是一样的。我们知道，当两颗大小不一样的星体相撞时，小星体遭受的影响总是更大一些。而洛希正是在研究两颗大小不一的星体发生碰撞时，会发生什么状况。当这种状况发生时，小星体围绕大星体旋转的轨道会渐渐变小。假如，两颗星的密度完全一样，当小星体的运动轨道半径是大星体半径的 2.45 倍时，小星体就会完全崩裂；如果小星体的密度没有大星体的大，那它们的轨道半径就相应变大。

这个距离就是洛希极限。如果卫星的运行轨道在洛希极限之外，那它就能完全环绕它的母星（行星）运行；可是当它一旦进入限制领域之内，它就难逃被撕裂的结局。下面的这些数字表明了洛希的数理分析：

土星最外面的圈半径：是土星半径的 2.3 倍：

洛希极限：是原星体半径的 2.45 倍

土星最里层卫星的运行轨道半径：是土星半径的 3.11 倍

木星最里层卫星的运行轨道半径：是木星半径的 2.54 倍

火星最里层卫星的运行轨道半径：是火星半径的 2.79 倍

按照这样的方式推断，土星的卫星进入洛希极限范围之内被扯碎，从而产生了土星环。我们知道月球是一颗环绕地球、遵循固定轨道运行的卫星，但是它的轨道半径一旦小于洛希的限定范围，那么月球最终将会被地球撕碎。从此之后，环绕地球旋转的月球将不复存在，而地球则会被一圈光环围绕，正如同现在的土星那样。

由于土星外围有两段明显的间隙，而将其光环分成三层，因此我们在讲到土星环时使用了复数词。或许有部分人会非常草率地做出结论：一定是三颗卫星形成了土星环，但事实并非如此。哥兹布普夫曾说过，大卫星的运行必然会对土星旋转轨道造成影响，从而让土星的轨道具有不稳定性，所以颗粒不可能长时间在轨道上存留。哥兹布普夫对这些规整、不稳定的轨道位置进行了计算，从而发现它们与实际的光圈变化完全一样。所以土星环肯定是由一个卫星崩破形成的。如果月球崩碎后，会在地球周围形成一条光圈，但是这条光环不会有间隙，因为地球的卫星只有月球一个。

在许多领域都可以应用洛希理论。比如，洛希曾在太阳附近标记过一段危险地带，彗星就是因为从这个险恶之地经过而被摧毁的。有人曾见过比拉彗星（1846）与泰勒彗星（1916）因为靠近太阳而被分裂成两部分。比拉彗星在1852年回归时，已经成了两颗独立的彗星，而且这两颗彗星相隔150万英里，可是自此之后，人们再也没见过这两颗比拉彗星回归过。或许是巧合，这些彗星的轨道居然与安卓米帝流星的轨道极其相似，它们每年都会在11月27日出

图 32　拖着长长尾巴的彗星

现在地球上空，它们或许就是比拉彗星的遗留之物吧。还有一些流星群也同样吸引了人们的眼球，它们运行在彗星的轨道上，例如雷欧尼德就每隔 33 年在彗星 1866 I 的轨道上运行，帕塞德在彗星 1862 II 的轨道上运行，阿夸瑞德则在著名的哈雷彗星的轨道上运行。我们很难从以上的这些流星中找出它们曾是彗星一部分的痕迹。另外有些彗星，它们的成员全都是头尾相连地在同一条轨道上运行，这与它们曾是一个整体时一样。

前面我们讲过洛希极限在很多方面都适用，所以它也适用与木星，因此，但凡有彗星或其他星体进入木星的限制区域中，就会遭遇撕裂的危险。目前木星最里一层的卫星，就非常危险地靠近这一限制区域。洛希限定的最大意义在于它合理地解释了太阳系小行星的存在。太阳系在最初阶段，行星的轨道不像现在这么圆整。传说曾有一颗古行星运行在火星和木星之间，而且它的运行轨道反复进入木星的限制区域。假如这一切成立的话，我们就没有再去追溯小行星来历的必要了。

第五章

探索恒星

在本章中，我们将着重讲述恒星的构造及物理性状，其物理性状包含星球的表面温度、质量、体积、密度。不同的恒星以不同的速度产生能量、释放能量，为了使两者均衡，它们一直变化着直径。

我们通过对其他恒星的观测发现，极小部分恒星，或者说十万分之一的恒星，围绕它们旋转的行星只有几颗而已。此外还有一些体积庞大的恒星由于旋转速度太快而破裂，形成双星系或多星系星群。不过大部分恒星还是会遵循自己的轨道运行，既不会自行破裂，也不会被其他恒星撞碎。而这种恒星与外层宇宙联系的唯一途径就是持续不断地辐射和光照。实际上，这样的辐射常常是单方面的，因为任何恒星受到其他恒星的辐射与自身发出的辐射相比较起来，实在是过于微弱。恒星在进行辐射、发光的同时，它本身的重量也在减少，而且得不到任何供给。恒星所聚集的分散物质如同它本身受到的辐射、光照一样稀少，也无法对其造成很大伤害。事实就是这样，这些恒星全都独自存在于无垠的宇宙中，无止无尽地辐射、发光，而它却什么都没有得到。

我们在以上章节中讲到，恒星也有发生意外的可能，它们的伤害具体表现在自身的辐射和发光造成裂变，以及过路星体的潮汐而造成的碎裂。现在，请将我们讨论的话题转移到恒星的正常寿命上来。何谓"正常寿命"？这是指恒星在宇宙中从未遭遇过意外，自然衰退，最终消失不见。

在讨论开始前，很有必要介绍一下我们观测到的这些形式多样的星体的物理形体，其中最关键的问题是如何将天文学家所观测到星体的情形，转换成人们可以理解的知识。

恒星的温度

我们在第二章中说到了光的问题，无论哪种光，它的颜色或不同波长的辐射都有自己特定的温度，什么颜色的光就表示恒星达到什么样的温度。比如，当某一颗恒星的温度达到赤热状态时，将会发射出红色的光，其他颜色的光则相对较少，所以我们用眼睛见到的就是红色光芒。所以，但凡有星球放射出红光，我们可以根据常规逻辑进行推测，它的表面温度应该是赤热。再假设，这颗恒星放射的光是碳弧光色的，那它外表的温度应该等同于电弧光温度。所以，根据光的颜色我们就能推测出恒星的表面温度是多少了。

然而实际操作过程并非如上面所说的那么简单。首先，天文学家必须用分光镜（光谱仪）把不同颜色的星光区分开来。然后对这些光精准测量一遍，他就能知道这些光里每一种颜色的比例各占多少，最终，占比例最大的光就能在光谱仪上显示出来了。天文学家通过这种方式或者是对照颜色总分布图，就能够算出该恒星的表面温度了。

根据我们上文中提到的普朗克定律，当某段完整的光束照射在光谱仪上时，将会分布出不同色彩或不同波长。图 33 中的 4 条曲线表现恒星表面分别在3 000℃、4 000℃、5 000℃和 6 000℃下光照的理论分散。横轴上的点代表光的不同波长，波长的计算单位为亿万分之一厘米，就是我们平时所说的"埃"，曲线的高度代表讨论中的这一波长的光的辐射强度。

如果参考这些曲线来理解如何确定恒星表面温度的两种方法，就会事半功倍。图 33 中温度达 6 000℃的曲线波长最高时达 4 800 埃，依此推断，当某颗星体的光波长是 4 800 埃时，那么它表面的温度极有可能就是 6 000℃。第二种方式就是用所看到的曲线对比图 33 中所画的现状曲线，看它与其中的哪一种曲线最相近。

使用以上两种方式测量太阳的表面温度，得出的结果正是在 6 000℃上下，这个温度是电弧光中最热区域的两倍。假如我们将太阳贡献给地球全部的光和热放到某个星体上，那么该星体在这个气温下几乎要"完全辐射"掉了。太阳的光谱分布情况与图 33 表示的在 6 000℃高温下完全辐射的理论曲线非常接近。

想要知晓恒星的表面温度，还可以通过它的光谱型来计算。由于恒星大气层中的热能电离了其原子中的电子，所以许多恒星的光谱线大多都是原子放射出来的。如果我们知道电子从原子中分离出来时的原始温度的话，那我们就能判断出这个恒星的温度是多少了。

人们在推断恒星的结构和物理过程时，往往容易将所测到的温度忽视掉，并不以此来表示表面热度，反而对每平方英寸辐射量的大小显得很关注。

固然，这也与温度有关系，若平面温度越高，辐射的强度就会越大，然而温度无法用来测定辐射量。若我们将表面气温提高 1 倍，那它的辐射量将会是

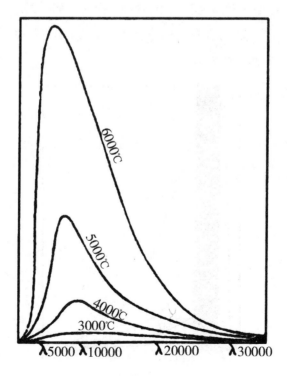

图 33 在不同温度下不同波长的光辐射的分布

之前的 16 倍，而不是 2 倍；表面每平方英寸的辐射量的改变是温度改变倍数的 4 次方。

所以，一个表面温度为 3000℃ 的恒星，即表面温度为太阳温度一半的恒星，它每平方英寸的辐射量只有太阳每平方英寸辐射量的 $\frac{1}{16}$。任何恒星的辐射都是由光、热和紫外线结合而成的。只是，不同的恒星，它们成分的比例也各不相同。恒星平面的温度越低，发射出去的热辐射量在总辐射量中占的比例就越大。因此，一个表面温度为 3000℃ 的恒星，虽然它每平方英寸散发的光只有太阳每平方英寸散发的 $\frac{1}{16}$，但是它放射出去的热量却要大于太阳散发出去的热量的 $\frac{1}{16}$。

这足以说明，任何恒星的总放射量不能只根据它可见光的亮度来测算；这就需要我们不得不将视线放到不见光的辐射上，以及在光谱上两头不被看见的红外线热和紫外线辐射。在图 34 中都显现出这些重要的改正。图中的 4 条曲线与图 33 中的曲线一样，并且给出具有一定表面气温的恒星的辐射是如何跟着不同的波长分布的。在任何温度下，相应曲线与横轴之间的平面来表示总辐射量。当它们在发光时，人类的眼睛仅能看到图中的阴影部分，即波长为 3750 到 7500 埃之间的光，此外表示的都是不可见光。

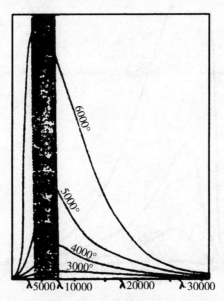

图 34 可见光与不可见光的辐射分布（阴影代表可见光范围）

因此我们知道恒星在6000℃时发出的光，大部分为可见光，但是当恒星处于3000℃时放出的光，只有少部分是可见光。若把恒星当成是一个整体的话，那它放射的光只是整个辐射的一小部分。

假如我们的肉眼突然可以识别所有光的话，那么我们的天空又将是另一幅景象。在夜空中，红色的猎户星与天蝎星的亮度排名分别是12名、16名，一旦我们的眼睛能见到所有光时，那么这两颗星将比现在更加夺目，成为两颗最亮的星，而目前最亮的天狼星则将退居第3名。不起眼的武仙星的亮度则升居第6名。虽然武仙座的α星云由约250颗星构成。但是由于其温度只有2650℃，因此它放射出去的几乎全是看不见的热量。比如平面温度是2万℃的武仙星，它散发的热量是御夫座蓝η散发热量的60倍，但是它的亮度却只达御夫座蓝η星的$\frac{4}{5}$。

由于本书将恒星的不可见辐射全都考虑进各种计算之中，所以就没有再次赘述的必要了。

恒星的直径

通过望远镜，我们会看见行星如同一个盘子，因此，想要测量它的直径，方法十分简单。但是恒星就相对棘手了，由于它们与我们距离太远，因此我们无法用测量行星的办法来测量恒星的直径。在天空中，我们所看见的恒星直径实在都太渺小，甚至都不能与6英里外的大头针相提并论。想要让恒星如同一个圆盘那样呈现在我们眼前，以我们目前拥有的天文望远镜实在难以达到。除太阳以外的所有恒星，虽然有些离我们很近、体积也够大，但我们看到的它们仍然只是个光点而已，我们只能通过间接的方式去测算它们的直径。

如果我们已经知晓某颗恒星与我们的距离，那我们就能通过它的可见亮度计算出它的光度。当我们把它的不可见辐射也计算进来之后，那我们就能计算出它释放出去的所有能量。与此同时，我们还能得出该恒星表面每平方英寸所释放的能量是多少。要想求出这些结果，它的表面温度起着决定性作用，而这个温度的具体数据，我们可以使用分光镜来测算出来。得到这两个数据后，我们只需要使用还原计算法，就能算出这个恒星表面面积是多少，而求出恒星的直径就不是什么难事了。

同时，我们还可以使用干涉仪来计算大型恒星的直径。当我们用望远镜对向某颗恒星时，规范地说，我们看到的并非一个光点，而是由一连串忽明忽暗的光圈围绕的光点，这就是衍射图。或许会有人认为，恒星直径的大小取决于那些光环，如果是这样，那你就错了，事实上，这两者之间完全没有任何关系。实际上，你看到的这些环来自于你的望远镜，这只能说明你的望远镜还不够完美。望远镜的大小和仪器的改装质量决定了环的大小。迈克尔逊教授根据斐索在 1868 年提出的方法做了个实验，发现这种不完善也能为人所用。他通过这些光环发明了现代天文学中最具创造性、灵活性的仪器——干涉仪。其实，这种仪器的原理非常简单，它只不过是将同一恒星的两个不同的衍射图叠加在一起，用其中的一个衍射图而消除另一个，还原了该恒星的本来面貌。由于这种仪器常常被用来观测那些特大型恒星，所以它们的直径也是被我们直接观测得到的。无论从那方面上看，直接观测所得的直径数据与上文中用间接方法计算所得的直径，都非常让人满意。至此，我们所做的努力仍然还不够，主要是因为我们还无法确认那些红色恒星充分辐射时的能量是多少。

超大型的恒星只能使用迈克尔逊教授的干涉仪来测量。而测量超小型的恒星，相对论就有了用武之地了。爱因斯坦对他相对论的结果进行了验证：任何恒星的光谱都应该向它红色的那头移动，而恒星的质量和直径决定了移动的速度。如果人们已经知晓该恒星的质量，然后通过光谱的移动情况，我们就能很快算出它的直径是多少。从天狼星伴星近期放射的光中，就能够看到这种光谱移动现象，通过观测并加以计算所得出的直径，居然与按照其亮度计算出的直径完全一样。这一点对于星系中的大型恒星与小型恒星而言，意味着从此之后，可以通过直接观测法来验证计算所得的直径是否正确。

而我们就可以胸有成竹地去计算那些恒星的直径了，即使计算的结果无法使用直接观测法来验证也没有关系。事实上，导致计算得出的直径与实际直径存在误差的原因只有一个。在计算直径开始前，请先设定恒星的热量处于完全辐射状态。假如恒星如同星云那样是半透明状态，或者是月亮那样的固体星球，那么上述假设就是错误的，而这种错误会马上在计算得到的直径与观测到的直径之间的差异上显现出来。可这两者之间的差异非常小，这个现实问题说明所有的恒星，无论是最大的恒星，还是最小的恒星，估计它们都是充分进行热辐射的。

恒星的多样性

通过对天空观察，使我们知道恒星有着各种各样的物理属性，所以人们喜欢将那些最亮的星、最暗的星、最大的星和最小的星进行比较，编排出一段段感人肺腑的传奇故事。可是这也同时使人类认识了一个并不完整的宇宙。就如同在马戏团的帐篷里看见一个巨人或者侏儒，就认为其所在民族都是如此，或者根据一些身强力壮和骨瘦如柴的人来给某个国家定义一样荒谬。

若我们对离太阳最近恒星的物理属性有了基本认识之后，那我们就能以平常心来看待整个恒星系统的差异性了。我们之所以将恒星出现在太空的先后顺序罗列出来，就是为了避免人们误会我们只介绍那些特征明显或异常的恒星。虽然以这种方式找到的个别恒星，可能会被人理解成太空中恒星的典范，但即便如此，我们还是无法解释所有的极端恒星。太阳的具体特征，在此就不做复述了，因为它将被我们当成太空中恒星的范本，以它为标准来对比其他恒星。

在宇宙中，距离我们最近的恒星除了太阳，就是 α 半人马座星系的三颗构造性恒星。

α 半人马座星系中最闪亮的是 α 星，其与太阳最相像。虽然两者在颜色上、光谱型上都极为相似，但是 α 星的质量和亮度分别是太阳的 114% 和 112%。由于这两者每平方英寸放射出的总量也基本一致，所以 α 星与太阳的颜色一样。根据 α 半人马座 α 星的亮度比太阳亮度高出 12% 判断，前者的表面定然也比太阳表面大 12%，而其直径也要比太阳直径大 6%。

通过观察我们发现，α 半人马座的第二颗伴星 β 星似乎比太阳更红一些，以此判断其表面气温大概在 4400℃，质量是太阳质量的 97％，亮度似乎也只有太阳亮度的 $\frac{1}{3}$，因此我们推断其直径应该比太阳直径大 22％。α 半人马座中的 α 星与 β 星组成了可见的双星系，这两颗星彼此环绕一周约 79 年。

上述讲的 α 半人马座中的两颗星与太阳非常相似。然而该星座中的第三颗星——比邻星，却是颗完全不一样的星体。通过观察，其表面呈红色，表面温度约为 3000℃，亮度不是很高，太阳发出的光是它放射出的一万倍，它的直径也只达太阳直径的 $\frac{1}{14}$，至于它的质量，目前来说还未探究清楚。

很少有人知道，慕尼黑 15040 是一颗单个的阴暗星体，其表面呈红色，或许其气温要高出 2500℃，但它放射的光只有太阳的 $\frac{1}{2500}$。

至今为止，沃尔夫 359 是人们发现的最暗的星，对于它的状况，人们认识得还不够全面，只知道它外表呈红色，发出的光只有太阳的 $\frac{1}{50000}$。

莱兰德 21185 也是一颗暗红色星体，它发出的光只有太阳的 $\frac{1}{200}$。

人们发现天狼星座中有两颗性质完全不同的星体，人们估计其中或许还存在着第三颗星体。

天狼 α 星（又名天狗星）是天狼星座中的重要恒星之一，是天空中最亮的星体，它发出白色的光芒，表面温度似乎有 1.1 万℃。由于其温度是太阳温度的两倍，因此它每平方英寸发出的光是太阳的 16 倍，亮度是太阳亮度的 26 倍，所以它的直径要比太阳的直径大 58%，体积差不多是太阳的 4 倍，质量是太阳的 2.45 倍。正是因为这样，天狼座 α 星上的物质密度比太阳小很多。太阳上每立方米的物质的平均密度是 1.42 吨，天狼座 α 星上每立方米物质的密度只有 0.92 吨。

在太空中较为有意思的星体是昏暗的天狼座 β 星。虽然它的色彩和光谱型与天狼座 α 星不相上下，但是其发出的光量却不及天狼座 α 星的万分之一。这两颗星体的表面温度虽然悬殊不大，可是 β 星的面积和直径却分别为 α 星的 $\frac{1}{2500}$ 和 $\frac{1}{50}$，其质量是 α 星的 $\frac{1}{3}$，α 星的体积是 β 星的 12.5 万倍。因此天狼座 β 星比天狼座 α 更星引人注目。前者的物质平均密度是水的 6 万倍，每立方英寸的重量估计有 1 吨。

有两颗恒星的物理形态我们至今全无所闻，仅仅了解它们都不是非常明亮，发出的光分别仅为太阳的 $\frac{1}{1400}$ 和 $\frac{1}{10000}$，它们就是 B.D.12° 4523 和英尼斯 11h.12m.57.2^0。

另外的两颗星虽然比上面两颗稍微明亮一些，所发的光分别是太阳的 $\frac{1}{600}$ 和 $\frac{1}{3}$，但还是不够明亮，它们都发出红色的光，它们就是科多巴 5h.343 和 T 赛提。

双星系的小犬座在很多地方都与天狼星座极为相似。小犬座 α 星是主要恒星，虽然跟太阳属于同一类型，但比太阳重 24%。其光芒也是太阳的 5.5 倍，球体表面的温度为 7000℃，直径更是太阳的 1.8 倍。它的卫星小犬座 β 要更加昏暗一些。至于有多暗，我们只知道这颗卫星发出的光仅仅是太阳的 $\frac{1}{30000}$，至于它的重量是不是比太阳更重或者是更轻，我们一无所知。

当太阳消失在地平线下之后，我们所能看见的天空，按次序出现的第八颗恒星非常不明显。其发出的光虽然比太阳红、比太阳暗，但是其外表的温度都小于 5 000℃，光亮度都不及太阳光的 $\frac{1}{4}$。然后出现的就是克留格尔星系。

克留格尔 60 星系也是双星系，体积不大的两颗恒星发暗红色的光芒。外表温度为 3200℃的克留格尔 60A 星是该星系中最亮的星，但是它所发出的光也只到太阳光的 $\frac{1}{400}$。直径是太阳的 $\frac{1}{3}$，质量也只有太阳的 $\frac{1}{4}$，所以，以此推断其密度或许是太阳密度的 7 倍。表面气温与 A 星相差无几的克留格尔 60B 星要更加暗一些，发出的光只到太阳的 $\frac{1}{14000}$。由于它的直径是太阳的 $\frac{1}{6}$，质量是太阳的 $\frac{1}{5}$。所以它的物质密度也必然是太阳密度的 40 倍。

另外一颗暗淡得无法再暗淡的星体——冯·马南星，表面温度虽然有 7000℃之高，可是它所发出的光却仅为太阳的 $\frac{1}{6000}$。正是因为这样，所以它的直径也只有太阳直径的 $\frac{1}{110}$，甚至都没有地球大，但它的质量我们目前还没有探究清楚，不过它的密度或许比天狼座 β 星还要大。

通过对以上对恒星的讨论，我们会发现宇宙中的大部分星球与太阳比较起来，体积相对要小很多，亮度和温度都无法与太阳相提并论。虽然也有一些恒星要比太阳明亮，但那只不过是极个别的。但整体而言，我们所能看见的天空上的恒星都要比太阳小、比太阳暗。

有了以上这些恒星作为参考，我们在进行后面的研究时，会更加精准，更加规范了，即便遇到一些极端的例子也无需多虑。接下来我们就开始谈谈质量吧。

恒星的质量

克留格尔 60 系列和最暗的三星系 02 波江星座，是目前我们已知宇宙中质量最小的两颗星，其中每颗星的质量都相当于太阳质量的 $\frac{1}{5}$。在宇宙所有的恒星里，目前质量数据已被我们掌握的恒星数目寥寥无几，以上提到的这些恒星，时至今日仍然无法证明是整个宇宙中最轻的恒星。以我们对整个宇宙总体考察来看（这一内容将在后面进行讨论），或许还会有质量更轻的恒星没被我们所发现，质量只达太阳质量 $\frac{1}{10}$ 的恒星仍在少数。

大部分恒星的质量都处于太阳质量的 10 倍与 $\frac{1}{10}$ 之间，处于中间位置。质量是太阳 3 倍的星球也并不多见，或许有近 10 万分之一的恒星的质量是太阳质量的 10 倍。毋庸置疑，宇宙中依然存在更重的恒星，如我们之前叙述的普拉斯基特星，它双星的质量分别是太阳质量的 75 倍和 63 倍。四星系的大犬星座 27，无论从哪个方面说，它的质量应该是太阳质量的 940 倍，但出现这种状况的概率非常渺小。通常我们会将恒星的质量介于太阳质量的 $\frac{1}{10}$ 到 10 倍之间，而且我们会发现恒星在质量上的差别取决于它们在其他物理特性上的差别。

恒星的光度

恒星之间的光度悬殊，太阳烛光是度量单位。之前提过的 S 剑鱼星是最亮的恒星。它的光度是太阳亮度的 30 万倍。沃尔夫 359 是最暗的恒星，它的光度只有太阳光度的 $\frac{1}{50000}$。在这两者恒星之间，太阳一直都是处于中间位置。因此太阳在质量上和光度上只能算得上中等恒星。什么是"中等"？简而言之就是处于两个极端中间。事实上，太阳的光度和质量要比大部分恒星高。

恒星的亮度跟质量比起来，落差就非常大了。S 剑鱼星的亮度是沃尔夫 359 光度的 150 亿倍。打个比方，假如 S 剑鱼星是个灯塔，那沃尔夫 359 的亮度都无法与萤火虫相提并论，而太阳也只是普通的烛光而已。如果有那么一天，太阳忽然照耀出 S 剑鱼星那样的光与热，那么我们地球的气温就会急剧上升到 7000℃，那我们人类以及我们的家园——地球便会灰飞烟灭。相反的，假如太阳发出的光与热急剧下降到沃尔夫 359 的程度，那生活在地球赤道上的人就会感觉中午的太阳光和热度无异于 1 英里外的炉火，地球上的所有生物都将被冻结，空气也会变成液态，如同海洋那样将地球淹没。根据我们现在所了解到的资料，太阳变成 S 剑鱼星的可能性不大，但马上我们就会说到太阳变成沃尔夫 359 的可能性倒是极有可能的。

恒星的表面温度和辐射

我们现在已经探明，天狼星是所有离太阳最近的恒星中外表温度最高的恒星——大概 1.1 万℃，这差不多是太阳温度的 2 倍。我们发现大部分距离太阳较远的恒星，表面温度居然比太阳的表面温度还要高很多。就好比大部分人所了解的那样，普拉斯基特星的表面气温高达 2.8 万℃，即便我们已经知道，在促成星体高温的众多原因中，有大部分的原因都是不确定的。

在另一个对立面，恒星的外表温度则下降到 2500℃上下，这些是较为普遍的。在所有的恒星里面，温度最低的恒星仅仅只局限在变星中，这种恒星的类型非常特殊（长周期变星），它们的光度随着外表温度的上升下降而不断改变。这些恒星即便在温度最低的时候，温度居然也达到 1650℃，要知道这可比普通煤炉的温度还要高。在这些变星之中，表面温度变化悬殊的恒星数不胜数，不过，即便是在最低温度，我们仍然可以观测到它们，因此它们的温度变化幅度不大于 2500℃。到现在为止，除了那些长周期变星达到过这个温度之外，我们仍然无法知道有哪颗恒星达到过这个温度。因此我们可以言明，宇宙中的暗星数量还是很少的。其他方面的证明，不管方式如何，最后还是会得出一样的结果。若某颗恒星不再发光，但是它的引力还是可以证明它是存在的。目前我们虽然还无法用这种方式探测单个暗星的存在，但我们却能够探测到多颗暗星的存在。若三颗恒星中有两颗是暗星的话，我们大可以按照暗星对现存恒星运动的影响，来推算出暗星存在的具体位置。通过对总引力的推算，我们就能将无数暗星存在的可能性一一排除了。

根据我们现在所掌握的知识来看，星球外表温度的幅度大多数都位于3万℃至2500℃之间。更低一点就是1650℃，这也是长周期变星所能达到的最低温度了。

除了长周期变星之外，这个温度的变化幅度只不过是12到1，与光度和质量的变化幅度相比更均匀。关于恒星表面每平方英寸的发光量及温度变化问题，值得我们注意的是，它们之间的变化幅度非常大，前者的变化幅度是1～20000，而后者的变化则是1～12。如果再计算一遍周期变性，那么它亮度的变化幅度则变成1～11万。

能量的计算单位是马力，而太阳每1平方英寸放射50马力能量，至于那些表层气温为1650°的恒星，1平方英寸只能放射0.35马力能量；表面温度为2.8万℃的普拉斯基特星每1平方英寸放射出2.8万马力能量。换句话说，普拉斯基特星每平方英寸发出的能量足够让一条航行在大西洋上的轮船永不间断地快速航行，且永不休止。其他恒星表面每平方英寸所发出的能量，大者可让邮轮远涉重洋，小者亦可驱动一叶扁舟。

恒星的体积

恒星	以太阳直径为单位	以英里为单位
α 天蝎座	大约 450	3.90 亿
α 武仙座	大约 400	3.46 亿
α 赛提（最大）	大约 300	2.60 亿
猎户座（平均）	大约 250	2.16 亿

以上所列恒星或许极为疏松脆弱。天蝎星就是很好的例子，它的体积是太阳的9000万倍，如果这两者的密度一样，那天蝎星的质量就理应是太阳的9000万倍，然而事实却只是太阳的40～50倍，这说明了不同的密度决定了不同的质量。两颗星球上的物质按照均数计算，太阳上的1吨物质所占空间低于1立

方码；而在天蝎星上，却占有了一个圣保罗大教堂那么大的空间。越是深入研究恒星的内部，越是认为恒星的平均数毫无意义。天蝎星中心区域的密度与太阳中心区域的密度非常相近。天蝎星之所以如此巨大，这是由于天蝎星拥有着厚厚的稀薄大气层，因此就没有必要在大气层与恒星中心之间取一个平均值。

被称为行星状星云的天体非常神奇，它们或许是直径更大的恒星。在使用望远镜观测该天体的中央，会发现一个昏暗的、表面温度极高的星球，由于它被一层朦胧的星云状物质包裹着，所以它就被贴上了"星云"的标签。它极有可能与上文表格中的 4 颗巨星球一样，都是被厚厚的大气层包裹着，只是它的更厚一些。有人做过测算，说冯·马南星的直径是地球轨道的 570 倍，这与天琴星环状星云的直径一样，即 1 060 亿英里。这些星云状物质不同于恒星的大气层，它要更加透明一些，因为我们能穿过 1 060 亿英里厚的环状星云看见它，而一般恒星的大气层，我们却只能看穿数十或数百英里。

冯·马南星是目前已知体积最小的恒星，它是恒星体积的另一个极端，几乎与地球的体积一样，这犹如把一百多万个这么大的恒星塞进太阳的"肚子"里，而且还塞不满它。但是，它的重量是地球无可比拟的，据推测，太阳的质量是冯·马南星的 5 倍。若要将太阳塞进地球里，就犹如将 1 吨重的物体放进樱桃里面，也就是说一个樱桃居然有 1 吨重，即等同于冯·马南星上每立方英寸的物质有 10 亿吨重！地球之所以有现在的硬度，完全得益于其物质的原子排列非常紧密，而冯·马南星的原子排列密度比地球还高 6.6 万倍。

或许你会认为这非常不可思议，但接下来你就会理解了。我可以将碳原子当成 6 只飞行在滑铁卢站的大黄蜂，原子分为更小的电子与核子，接下来将这些原子重新组合在一起，尽最大可能让它们排列的更紧密一些，如此一来，你就能理解冯·马南星的物质是如何组合的了。

红巨星和白矮星

我们在上文中叙述过，由于恒星的质量各不相同，我们按照质量对它们进行分类，同样我们也可以根据它们不同的气温、颜色和大小进行分类。从不同

的类别中，我们可以查到任何你想要知道的恒星的质量、颜色和大小。但并不代表任何恒星的质量、颜色、大小，都能为你——找到，极有可能会出现颜色对不上质量，质量对不上大小的情况。例如你想找一颗红色星球，我这里只有质量重的和质量轻的，而你却想要中等的，那我就无能为力了，因为至今为止还没有出现过质量中等的红色恒星，甚至都没有中等大小的红色恒星。1905 年，赫兹普朗发现红色恒星可以根据它们的大小分为两种完全不同的类别——巨星和矮星。1913 年，罗素进一步研究了这一结论，并发现巨星和矮星的分类方式也可以运用到除红色恒星以外的恒星上。

如果把恒星根据颜色的不同来分类，不同颜色的恒星分到不同的组，例如红色星系、橙色星系、黄色星系等。我将所有的红色恒星选出来，按照亮度的强弱顺序进行排列，然后再把光度相近的恒星分为一个类别，务必要使上一级的光度高于下一级 5 倍，这样就能更加明显地看出光度的差异。

赫·罗图

我根据恒星可能有的所有颜色，画一个阶梯表，将它们按照先后顺序排列起来，以此表示恒星可能呈现的颜色。

图表上部的字母代表恒星的光谱型，这比用颜色来表示类别更加直观，在图表的底部是与各光谱型相对应的色彩。图中显示的几颗恒星很有代表性，大多数恒星都能以其中的某颗星表示。从广义上而言，这些恒星所占的是两个互不干涉的区域：第一个区域非常重要，呈倒 γ 形，有一条黑线直穿其中心地带，这一位置曾经获得赖德曼的认同；第二个区域非常小，位于图表的左下角。这两个区域的恒星都不亮，与亮度相同的其他恒星比起来，它们的温度要高很多。

我们知道，若要求出恒星的直径，可以通过其表面温度和光度来进行计算。换句话说，在赫·罗图中，相同位置的恒星，它们的直径也必然一样。因此图标中的每个点都代表一个对应的直径，而我们也就可以在图中画出恒星的直径，这与在地形图中画出海拔线一样，我们将其称为等高线。

在图 35 中，这些"等高线"用虚线表示出来，它们差不多都成了平行的弧线。

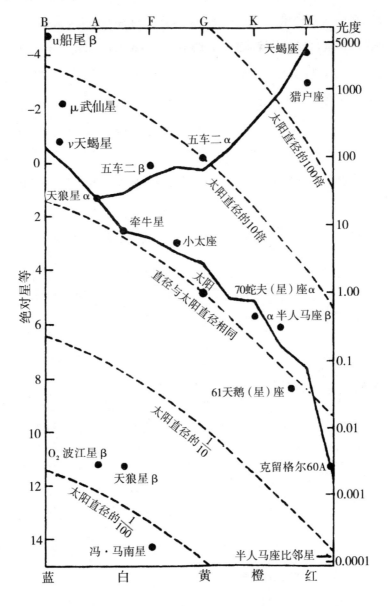

图 35 赫 · 罗图

哪颗恒星在某条虚线上，就说明其直径与虚线所表示的相符。

通过这个图标，使我们对恒星的直径更加了解。一眼望去，就知道哪些光度高的红色恒星直径最大——直径是太阳直径的100倍。其实在上一个表格中的四颗红色恒星，其直径就非常大，属于红色巨星。

在图35中，位于左上角至右下角的狭长地带里的恒星，占了宇宙中恒星的大多数，这就是人尽皆知的"主序星"。将这一位置与代表直径的"等高线"进行对比，你会发现主序星的直径多数都偏中等。最亮的星，直径是太阳的20倍，最暗的星，直径虽然是太阳的 $\frac{1}{20}$，但是它们之间还是具有可比性的。我们以离太阳的远近为次序查看这些恒星，发现它们拥有许多"主序星"的特征。

表1

恒星	光度	直径（以太阳直径为单位）
天狼座 α	26.3	1.58
小犬座 α	5.5	1.80
α 半人马座 α	1.12	1.07
太阳	1.00	1.00
α 半人马座 β	0.32	1.22
τ 赛提	0.32	0.95
ε 安帝	0.15	0.82
克留格尔 60A	0.0026	0.33
克留格尔 60B	0.0007	0.17
沃尔夫 359	0.00002	0.03

表1是一组根据光度大小排列的一组恒星，根据表中内容显示，主序星的光度从上到下逐渐变弱，直径随之下降。

在图35左下角的恒星被人们称为"白矮星"，从它们在图中的位置来看，其直径实在太微小。在太阳附近有三颗恒星可作为参考，如下表所示：

表2

恒星	光度	质量（以太阳质量为单位）
天狼座 β	0.0026	0.03
波江座 β	0.0031	0.018
冯·马南星	0.00016	0.009

此外，O赛提的伴星也非常昏暗，理所当然归类到"白矮星"行列。至于小犬座 β 星，据推测应该是颗白色恒星。由于无法探测这些昏暗星球的具体位置，因此，宇宙中或许还存在着无数颗这样的星体。

在表1中，主序星都是按照光度大小由上到下排列的，同时也是按照质量大小排列的。其中有三颗恒星的质量还未曾知晓外，其余恒星的质量如表3所示：

表3

恒星	光度	质量（以太阳质量为单位）
天狼座 α	26.3	2.45
小犬座 α	5.5	1.24
α 半人马座 α	1.12	1.14
太阳	1.00	1.00
α 半人马座 β	0.32	0.97
克留格尔 60A	0.0026	0.25
克留格尔 60B	0.0007	0.20

在表3中，随着恒星光度的不断变弱，恒星的质量也在逐渐下降。

在宇宙所有的恒星中，只有对双星系统的恒星可以直接测算出其质量，而这些双星却又寥寥无几。希尔斯发现双星系的恒星质量与能量均分定律（该定律在第三章中已经叙述过）居然非常吻合，所以那些目前还不属于双星系的恒星或许也适用于该定律，不然无法解释双星系恒星的能量为什么比其他恒星分布得更均匀。为了将这两类恒星区分开来，避免能量处于均匀状态的恒星与单个恒星混合在一起，因此我们在计算该规律时，务必要将恒星运动的速度及质

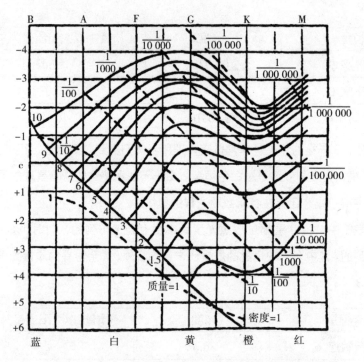

图 36 希尔斯描绘的赫·罗图，显示恒星质量的关系

量考虑进去。不过，由于已经知晓单个恒星的运动速度，所以只要对它们间的数量做一个除法，就可以确定恒星的平均质量了。希尔斯正是运用此方法，将一系列光度和光谱型都不一样的恒星的平均重量计算了出来。也就是说，图35中的各种点代表了恒星的平均质量，这一结果被他在图 36 中，用粗曲线表示了出来。

到此为止，我们收集到了所有的基本资料，就可以往下探讨更为棘手的难题了——这所有的一切，究竟是什么意思？好吧，那就请先将手里调查过的资料及根据先放到一边吧，开启我们的想象之门，作出大胆的推测、猜想和假设吧！而我们即将探讨整个天文学中最妙趣横生的问题；同时，我们也要认清一个事实，那就是我们的科学虽然发展得相当快速，但是很多问题仍然还找不到答案，所以也请那些急于得到答案的读者耐心地看下去吧。

恒星的物理状态

通过观察以上收集的资料，我们发现在很多地方都没有恒星的存在，也就是说，在赫·罗图中的很多区域都是空白一片。

首先让我们来看一看图 35 中最显而易见的部分。请看图中主序星的左下侧，压根就没有恒星的影子，离得最近的是白矮星。中间区域为什么没有恒星？问的更具体一些，为什么没有颜色与天狼星一样而光度只达天狼星 $\frac{1}{2}$ 的恒星？为什么我们只看到一颗颜色与天狼星一样，而光度却只及它万分之一的恒星了？

带着这些疑问，我们大概会在脑海中猜测这些问题的答案：之所以主序星与白矮星的星团落差如此悬殊，主要是因为它们处于的时期不同。当恒星进入老年时期，它们的质量和光度都会相应减少，因此我们也就明白白矮星的质量和光度为什么这么低了。它们存在的时期要远远长于主序星里的恒星，可是这样的推测似乎又没有根据。

鲜为人知的白矮星是双星系的组成部分之一，通常情况，它们的伴星要么是主序恒星，要么是红色巨星，但是冯·马南星却是个例外。我们早已知晓，在宇宙中极少能见到两颗距离非常近的恒星。假设某两颗恒星正自由地在太空中运行，当那颗体积更大的恒星邂逅体积小的恒星后，两颗星开始相互围绕着继续前行，这一幕景象是绝对不可多见的、不可思议啊！若要发生这种情况，两颗恒星除了靠近之外，必然还需要另一个条件，也就是说，若要使两者相处得更加长久，就必须要有第三者插足才行。我们继续想象一下：在太空中，有三颗恒星分别在自己的区域运行，后来它们在同一时刻相遇了。这多么令人惊奇啊，哪怕这种情形只发生一次。

因此白矮星与主序星除了在年龄上有所不同以外，必然还有什么物理方面的问题在困扰着它们。如果我们的想象力够丰富，能够找到这种困扰恒星的物理特性，那这种特性也正是大自然无法给予的。而这就直接影响了恒星的构成和物理性能。

恒星的内部结构

很多人在探索恒星结构的时候，都是从假设恒星由内而外是气体这方面进行的。首先不说这样的假设是否成立，先让我们把这样的假设当作一种简便的方法来探讨一下。

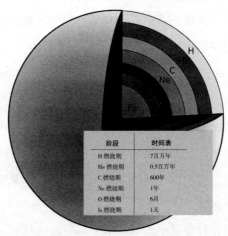

阶段	时间表
H 燃烧期	7百万年
He 燃烧期	0.5百万年
C 燃烧期	600年
Ne 燃烧期	1年
O 燃烧期	6月
Is 燃烧期	1天

图 37 恒星的内部结构

有这样一个著名的定理，叫庞加莱定理。这个定理在讨论气态恒星方面被认为是最有效果的。亥姆霍兹这样认为，太阳能产生能量，很大可能是由于太阳的收缩；太阳的内部一层收缩的时候，外部那层就裹在了内部那层上面，这样一来，就把内部的能量转变成为了光与热，再释放出来。这样在收缩的过程中释放的能量就可以估算出来了。比如，开尔文就计算出太阳从曾经的无限大，收缩为现在的直径 86.5 万英里，在这期间释放出来的能量，等于此后五千万年的排放总量。如果用尔格这种单位来换算的话，那么太阳在收缩时能释放的能量等于 6×10^{48} 尔格。

根据庞加莱定理，一切气态的恒星分子释放的总能量都恰好等于恒星缩小到目前状态下释放的总能量的一半。不管之前恒星有没有释放过，这个定理都是成立的，当然这是不关乎别的任何问题，只考虑目前恒星的情况。

有意思的是，恒星的表面温度会随着其收缩程度而升高。如果某一个恒星收缩到它本身大小的 $\frac{1}{2}$ 时，那么它从无限大到开始缩小这一过程中释放出来的能量就会增加一倍，分子运动的能力随之也就必须增加一倍，这样一来，恒星表面的温度也就提高了一倍。这种情况用莱恩定理来阐述的话算是一个特例。

我们继续来进行有关太阳这类特殊恒星的相关推测事宜。庞加莱定理提到，如果太阳是气态的恒星，那么其分子运行产生的总能量为 3×10^{48} 尔格。那么，接下来的问题就是，太阳中到底包含多少分子呢？我们已经计算出，太阳的质量大约为 2×10^{33} 克。那么每一克太阳中大约含有多少分子呢？这当然得根据太阳包含的分子种类来决定了。根据研究，每克太阳中含有 3×10^{23} 个氢分子，2×10^{22} 个大气分子，铀每克却只有 2.5×10^{21} 个分子。

现在，我们假设空气是太阳的组成部分，那么，太阳中应该包含 4×10^{55} 个空气分子。这样一来，每一个分子平均的活动能量大约为 7.5×10^{-8} 尔格。这也显示出，太阳里面的平均温度是 3.75 亿℃。1907 年的时候，艾姆顿曾经用别的方法进行估算，得出如果太阳是由空气组成的话，它的中心温度就是 4.55 亿℃。我们忽略掉其他的细节，这样看来，由空气组成的太阳，中心温度必须得上亿℃。

但事实一定不是这样。在本书的第二章"辐射动力作用"中，我们通过一个简单的计算解释了，在如此高温的情况下，飞行中的辐射量子所产生的能量是无比巨大的。它不仅能将空气分子分解为原子，还能使得原子中一切的电子化为乌有。在这种高温条件下，每一个空气分子都会变为它本身最基本的成分，那就是原子核与电子。打个比方，冰块在炎热的夏季会因为高温而融化成水。在相对比较安静的环境里，电子和原子核可以通过电子能被重新组合起来，先是组成原子，再由原子组成分子。然而高温环境会影响这种组合能力，电子被连续高速地抛射，高能量的量子也会猛烈地撞击它。用一个形象的比喻来说明，就是如果你想在狂风中用纸片盖房子，那又怎么可能呢。如此，空气分子是太阳的组成部分这个假设就不成立了。因此我们又得从头开始探索。

无论我们从其他哪个角度进行探索，最终要得到的结果都应该是这样：由于太阳中心的温度实在太高了，因此无论它本来是什么成分，最终都会被高温分解成最本质的成分，也就是原子核与电子。并且，所有的恒星都是如此。像这样的情况，也就很自然地引发出另一个问题——恒星的内部结构。不清楚分子的性质的话，我们就不可能知道一克分子中有多少不同单位；只要分子被分解成最基本的组成单位，我们立刻就能清楚地知道构成太阳的所有成分，清楚每1克太阳中原子核和电子的数量：不管是什么种类的粒子，都大约为 $3×10^{23}$ 个。所以，在恒星依靠内部的热量，把最初的分子分解为最基本的原子核和电子后，我们就清楚了其中组成物的总数量。于是利用庞加莱定理来估算太阳中心的温度，也就不再是一件难事。而这个温度恰好跟在氢分子没有被分解之前太阳所具有温度是相同的。

1907 年，艾姆顿用这种方法计算出，太阳的中心温度是 3 150 万℃。此后，爱丁顿又做了一次更为精确的计算，结果跟艾姆顿的几乎完全一样；如今，我自己也计算了一次，计算出一个更高温度的结果：5 500 万℃。当然，我们没必要去辩论哪个结果最准确。从它们之间的差异可以看出，还有哪些我们不知道的原因在起作用。

由此我们知道了，形成如此高的温度，必须具备一定的物理条件。那些太阳表面的热量必须能够顺利传到中心才行。热量往往只从比较热的地方往比较冷的地方传输，因此有强热流的地方，一定温度相差非常大。而从太阳的最外层到中心地带，温度的升高一定是非常非常地强烈的。这种温度的上升会一直持续到太阳最中心，也就是距离表面 43.3 万英里之处。因此太阳中心的温度一定特别高。

目前科学家能计算出来的太阳中心温度大约在 3 000 万℃到 6 000 万℃之间。这样的数据让人很难想象。那么，让我们大胆地猜想一下：假如将一立方毫米单位的物质放置于 5 000 万℃那样的高温环境中，那么，这小到仅仅只有大头针尖般大的物质，其释放出的热量，可以烧焦 1 000 英里范围内的一切。为了补充它在释放过程中损失的能量，需要开动一台 300 亿万兆马力的发动机。

这样看来即使这个温度已经非常高了，但是根据推算，这都还不足以让内部的分子统统被分解掉。高温将电子都赶到了太阳的 K 环中（见第二章"光子论"一节），并且能够很好地处在这种状态下。如果温度再高一些，电子将从 K 环中被再次赶走。只有温度在 3 000 万℃到 6 000 万℃之间，上面的结果能起作用，而我们已知的太阳中心温度大约也在这个范围中。并且，太阳的温度与我们设想的太阳质量和数量是不相关的。

因此，假如太阳是一个气态的集合体，那么它最中心部分的组成物质一定是电子，并且都集中在 K 环周围，肯定不会有太大出入。这样一来，原子就同分子一样，自由地快速运转着。L 环和 M 环也是由 K 环附近的电子构成的，它们周围的温度也在 3 000 万℃到 6 000 万℃之间，也快速地自由运转着。随着太阳内部的物体从温度高处向低处转移，分裂的原子数量也越来越少。到最后，我们便可以发现，太阳表面甚至有一些未被完全分解的原子。或许有时候我们也会出人意料地发现，有一些残缺的原子没有最表层的电子。甚至有时候，我们会发现一些像氧化钛、氧化镁那样的完整分子，出现在温度较低的太阳表面。

在用类似的方法研究别的恒星的内部结构时，天文学家同样发现，这些主要的恒星，它们中心地带的温度跟太阳的差不多。所有恒星并不是只具有这一个相同特征。根据希尔斯的计算得出的恒星的中等密度。数据显示，除了处于极端的物质略有差异外，一般恒星的中等密度都相差无几。

我们都知道，太阳的平均密度是 1.4，也就是说每一立方米太阳的质量是 1.4吨。但是这个密度仅仅是太阳中心密度的一百分之一，也就是说，太阳中心地带，每一立方米的质量是 140 吨。我们可以作这样一个对比：每一立方米的铅有 1.1吨重，假如每颗恒星的内部结构都和太阳相同，那么只要两颗恒星的中等密度一样，它们的中心地带密度也是一样的。但是，对那些比太阳质量都还大很多倍的恒星，还有一个原因起着很大作用，那就是还有来自辐射的压力。放射出去的物质质量受到压力作用的决定性影响。这种压力对一般恒星来说，根本无法与受到挤压的物质中的原子和电子释放出的压力相提并论。但是这种压力却能够改变那些体型庞大的恒星的内部结构。这就是为什么这些庞大的"霸王"这么厉害的原因。

在这一章的"恒星的多样性"中，已经提到了这些大恒星的直径大小。辐射产生的压力在普遍意义上影响着巨大恒星的质量，使其主要质量转移到中心地带，但是较轻的恒星就不受这个影响。所以，当较轻的恒星与巨大的恒星平均密度相同时，一定是庞大者的中心密度更大很多。考虑到这个干扰源，主要恒星的中心部分密度都大概一样的时候，那么这个密度也就跟太阳的差不多，在每立方米 140 吨左右。另外我们还发现，所有这类恒星中心地带的温度也都差不多，跟太阳的一样。这样一来，我们就可以推测出一个结果：这些恒星中心地带的物理性质相差无几。因此我们可以这样说：巨大恒星中心地带包含的物质，其分裂程度，跟太阳中心地带的物质分裂程度，也都差不多。K 环内的电子均毫无变化地存在下来了，但外面的电子却发生了变化，像无头苍蝇一般到处飞，就跟独立存在的分子一样。

目前这个结果，我们能够非常准确地估算出。现在我们假设，所有一般恒星都处于相同的物理环境中。在这种情况下，恒星就形成了一条最基本的线条，而根据这条线，我们能观察到赫·罗图中阐述的恒星的内部物理结构。

在恒星排列最右边部分的恒星，它们的直径都要超过排列中相同质量的恒星。所以，依据庞加莱定理所说，它们的直径在缩小到现有程度的过程中，所放出的能量相对就少一点，这样一来，它们的分子活动的能量也相对要小一些。因此，它们的内部温度要更低一些，分裂出来的原子数量也更少一些。举个例子，天蝎座是庞大的红色星球，因此它的中心地带的温度也不过是在 100 万℃到 500 万℃之间变化，原子也保存得比较完整，不仅 K 环内的保存完好，甚至是 L 环到 M 环之间的也保存完好。

假如在恒星排列的最左侧，真的还有恒星存在，那它的收缩程度一定更加小了，它们的温度当然也会更高，分裂出来的原子数量也肯定更多了。事实上，目前在这区域范围里还没有发现任何恒星存在。如果再往下看，就是白矮星区了。所有的推算都表明，这一区内星球的中心温度至少都有数亿℃那么高，因此很有可能原子都被分解了，剩下的仅仅是原子核而已。也许还有少数原子幸免被分解。这样看来，纯粹的原子核与自由电子可能是构成星球物质的主体，而自由电子在星球内部是毫无约束地飞行的。这些密度如此高的白色矮个子们的存在，就是很好的证据。天狼星的密度一定超过了 5 万（以太阳密度为单位），而它还仅仅只是密度中等而已。高密度的冯·马南星，密度可能高于30万。我们没有任何手段可以人为地使物质具有如此的高密度。除非是使得原子中没有电子，仅剩下原子核。

在反映物理状况这方面，赫·罗图给我们最深的印象可以大概总结如下：

第一，我们设想到的是两条没有联系的星球带，其中一条是由白矮星组成的。所有这些恒星里面，原子里面的一切电子都被驱逐。另外一条星带是主序恒星带。所有这些恒星的电子几乎都集中在K环内，而环外的电子就都不存在了。几乎从主序星的中间位置开始，会出现一条分支通向红巨星（如图36所示）。我们朝着这条线继续往下看，就会发现，恒星的内部温度不断降低。和主序星比较起来的话，这些恒星的原子被完全分离的情况就降低很多。甚至最后面的红巨星中，M环中还有完整的离子保存着。

罗素的设想

科学家们对恒星的内部构成，给出了两种截然不同的解释。1925年的时候，罗素给出了这样一个说法，主序恒星的中心地带温度都差不多，这是罗素理论的基础。现在我们来简化一下这个理论。假定以上理论成立，也就是说，主要恒星的中心地带温度都差不多，以3 200万℃为平均基数。如果这是千真万确的事实的话，那么发现恒星内部的隐藏性限制物理作用，就是顺理成章的事了，也就是说，恒星有自动把温度调整到3 200万℃左右的能力：如果某一时刻中心地带的温度低于或高于

图38 伯特兰·罗素

这个一般温度时，那么它的限制功能就会发生作用，使温度调整到普遍的3 200万℃左右上。这样的控制作用在我们常用的发动机操作中很常见。举个例子，为了使锅炉的压力正常，锅炉上会安装有安全阀；蒸汽机的调节机制也运用相同的原理，让蒸汽机始终保持大致一样的运行速度；还有室内恒温设备，原理也如此。

现在我们已经清楚了解到，恒星中心地带的温度能在一定物理条件中被提高。假如某一颗恒星出于环境破坏或者别的什么原因，使得内部已经不再释放能量的话，那么它的体积会因为辐射而缩小，这样的情况就像我们在上文中提到的那样，会引起恒星的温度升高。只要恒星能够通过调节，使得自身温度不低于3 200万℃，也不会再释放新的能量，这样的话，恒星的温度就能固定保持在3 200万℃左右。这就是罗素设想成立的根据。他设想温度在3 200万℃以下的时候，物质将不再能释放能量，但只要达到了这个温度，许许多多的物质就会面临毁灭的危险，恒星也能够再次进行辐射。

不过这个理论存在一个问题，也许不可能从另一个方面使温度保持正常水平。当一颗恒星温度在3 200万℃以下的时候，那它的收缩是不会产生新的热量的。当恒星达到极限温度的那一瞬间，这种收缩不会立马消失，它的动量会继续支持这种收缩，直到中心地带的温度远远超过了3 200万℃。然而这样一来，这颗恒星的大部分地区便会超过3 200万℃。这些部分如果全部被毁灭，势必会释放很多热量，这样一来又提高了恒星的温度。温度进一步上升，会使得更多部分被毁坏。最终，这颗恒星就会在进行最后一次辐射后从此消失在宇宙中。

事实上，罗素理论中设想的3 200万℃的极限，就相当于火药的引爆点那样。数学研究同样也显示了，中心地带的温度达到3 200万℃的恒星，就像一个装满火药的管子一样，随时可能爆炸——我也无需向读者解释接下来可能发生的后果了。

爱丁堡提出了一个设想，是关于恒星的稳定性的。他设想，在恒星引爆之前，有一个短暂的停留和缓冲时间。这个理论到目前为止没有证据证实。但是，就算这个理论成立，也还是有很多不利因素存在。因为罗素设想，位于主要位置上的恒星都具有一种性质——超过3 200万℃就会被毁灭，而这个温度恰恰是稳定的恒星中心地带的一般温度。如此，就有必要特别说明一下白矮星和红巨星的光亮度。这两类恒星中心地带的温度和 3 200 万℃的标准温度差别巨大。所以他设想，这两类恒星内部可能包含着特殊物质，它们辐射和分裂的极限并不是 3 200 万℃。因此就不存在恒星的稳定性这一说法了。然而后面这一些相关的设想，我个人认为或许有些勉强，这些假设等于是中断了上面那种有意思的理论。

我们对罗素设想的研究，使得我们在用数学办法研究恒星稳定性问题领域进行了一次大胆探索，也粗略地分析了赫·罗图中关于恒星分布的那些匪夷所思的现象。总的来说，不存在恒星的区域就表示这些恒星很不稳定。我很难想象究竟有哪些天文家会同意这样的说法，但是可以肯定地说，一定会有质疑的声音出现。

我或多或少地谈了这么些，自我感觉应该不会受到那些严格的专家们的批评。但是很肯定地说，这些都是刚刚开始，还有更多未解开的谜底等着我们去探索。

关于液态恒星的设想

我们假设，现在有很多不同的恒星是由不同的方式和不同的物质形成的。根据数学计算表明，就是它们中有些恒星不能连续发光。以下就是可能的原因：它们就像一个装满了火药的管筒在加热后会爆炸一样，这本身就是热胀冷缩产生的物理现象。除了这种后果，恒星到底能不能避免隐患，还取决于它内部的构成。虽然看似完全不相关，然而这两种隐患中间或多或少是有联系的。当我们设想庞大的恒星的稳定性之时，我们突然发现，这两种隐患好像变为了同一种隐患。现在，仅仅只剩下一种比较安全可靠的办法了。然而我们大家都知道，特别庞大的恒星确实存在，而且它们不能连续发光。那么假如把这些恒星都想象成是气态的，那么在两种隐患中，它们肯定是相对安全的。如此一来，我们一方面可以了解它们的构成方式，另一方面也可以了解那些构成恒星的物质的性质。

上述的情况阐释了，这两种隐患能被避免，只有恒星的某些物理特性非常特殊才可以，然而具有这么特殊的性质看上去又是十分不现实的，这是因为我们在物理方面一无所知。总的来说，即为了保持恒星的稳定性，物质必须在一定温度之上才会被毁灭。然而这种物理特性似乎与我们在第二章中探讨的物理学理论，相差巨大。我们也无法预测这些恒星的原子活动情况。我们知道，物质被毁灭是要经过一个非常激烈的过程的，并且还得具有高能量物质的作用。这样一来就比单纯的放射性衰变要剧烈得多，因为只要是没有达到 22 000 亿℃（第二章"辐射的动力作用"中提到的），温度的改变就不会影响放射性衰变，要想在这样的温度中进行毁灭可以说是天方夜谭。

但是我们已经找到一些证据，说明恒星并不仅仅是气态的，这是因为，距离如此接近的两星体系，是不可能由纯粹的气体星球构成的。像这种恒星，只可能是由液体恒星构成的，而不是气态的。然而这种恒星不见得一定全部都是液体的，在中心地带的物质必须和气体物质截然不同。这些都需要更多的精确的事实来进行论证。

相反，如果我们肯定了恒星内部不全是气态成分这一事实，那么情况又得发生巨大变化。虽然有一点点不是气体的物质，但总体而言，这些恒星还是非常稳定的。一个完全是气态成分的庞大恒星，它的稳定性就会大大降低，降到那两种隐患中间的很小一个范围。这样一来，也就意味着，恒星保持平稳的概率又降低了，并且不被分裂的结局仅有一条出路。

反之，如果恒星中心地带有液体，哪怕仅仅只有其中一部分是液体，那么它的稳定性都会大大提高，并且会很安全；这样一来，恒星的物理性质就会和我们假设的相一致。准确地说，类似于放射性衰变，不管温度发生什么变化，物质毁灭的速度都是一样的。假如所有的恒星性质都是这样，那么它们无论如何也不会爆炸。因为化学中铀和镭这样的元素不会引起爆炸。数学方面的研究也说明了这点。如果恒星中心地带有液体，哪怕仅仅只有其中一部分是液体，那么恒星也不会爆炸。液态的恒星相当稳定，绝不会有爆炸的可能性。

这样的认识就得出两个相辅相成的大胆推测：

1、恒星物质的毁灭是自主进行，不受本身温度影响。

2、恒星中心地带不都是由气体组成的，它们的原子、原子核以及电子都紧紧地聚集在一起，即使不像气态下那么狂飞乱舞，也能像在液态下那么剧烈涌动。

如果我们认为，穿透性极强的地球大气层辐射，使远处太空中的恒星毁灭，这种解释是对的，第一种猜想就可以得到论证。这是因为，穿透厚厚物质的辐射，不可能继续维持原来的强穿透力。每个辐射的波长都会随着穿透的物质而增加，以至于最后再没了穿透力。这样看的话，不管什么时候产生辐射，它都可以非常容易地进入宇宙。我们也能够这样解释，物质在低温下可能会产生辐射。这就证明，物质在低温下会因为高辐射穿透力而被毁灭；然而罗素说的物质毁灭有一个必要条件，那就是温度必须非常高。后来经过计算证实了，存在着的地球物质不可能彻底被毁灭。于太阳而言，差不多每 10^{19} 个原子中就会有一个原子在一分钟内被毁灭；但是地球上的物质只要有太阳上的万分之一那么多被毁灭，温度也将高到无法适应人类存活。如果我们认为，极高的温度是太阳上物质毁灭的前提条件，所以，地球上的物质不会被毁灭，因为地球温度适中——这样是没有道理的。我们或许只能设想另一种情况：那就是太阳上的物质和地球上的物质根本就不一样，前一种可以随意毁灭，但是后一种却不行，或者是后一种的毁灭不能那么随意。

恒星具有稳定性

我们来假设这样的情况：恒星能量的产生是自发的，正如原子的放射性衰变一般；导致恒星能发出光热的原子，可以被称为超级发散性原子，它们可以随意毁灭，并且把本身变成辐射的产物。

这些有关恒星能量产生的物理特性的设想，让我们知道了，恒星只有在中心地带不全都是气态的条件下，才能不断发光。完全由高压气体所组成的恒星，就像是矗立在沙漠中的房子，最终逃不过坍塌的结局。一个纯粹是气态的星球，结构极其不稳定，随时可能爆炸，并且会持续收缩，直到中心部分的原子都紧紧地聚集在一起，不再以气体的状态存在。只有这样，结构稳定的星球才能长久地存在着。因此我们可以肯定地说，一切恒星，包括太阳，它们的中心地带一定是液体状态。

如今，我们来大胆试想一下，如果太阳的直径放大至 10 倍，那么它的密度随之也一定会缩小为 $\frac{1}{1000}$。我们知道，太阳的初始密度是水密度的 1.4 倍。而太阳膨胀后，它的密度仅仅与平常空气的密度差不多了，它的原子和电子等物质相互间活动的范围也增加了 10 倍，双方的距离也变远。新的太阳可以称得上是气态星体。所以我们可以知道，新的太阳极其不稳定，非常危险，它不可能以气态的形式长期存在着。

我们刚刚试想的膨胀太阳当然是不在赫 · 罗图中主序恒星的范畴的。因为我们把太阳的体积设想为扩大至 10 倍，而恰恰是这个设想，就把太阳排除在了主序恒星的行列了，于是它只能被列入一个毫不知情的领域——从图中可以看出，位置大概在红巨星和红矮星之间。这样一来，就算我们强行把它放到这里，这个恒星也不会长久地存在，因为它会马上自动收缩，直到能加入到主序恒星的队伍里来。我们是不是可以说，这就是该领域没有恒星的原因呢？

现在我们又假设这样一种情况，那就是太阳的直径缩小为当前的 10 倍，使它的原子和电子活动的范围也随之缩小了 10 倍，那么太阳的平均密度比水的平均密度就增加至 1000 倍。看到这里，你也许会质疑，说如果太阳中心地带已经是液态状态，那么它不能缩小到这种程度。但是，我们已经探索得知，恒星的温度每升高一倍，它的直径就会缩小一倍。那么，恒星的直径缩小为本来的 $\frac{1}{10}$，它的温度也会升高 10 倍。如果它本来的温度是 5000 万℃的话，就会变成 5 亿℃。原子在 5 亿℃的高温条件下，几乎不能存活，因为恒星物质差不多全部是由原子核和电子组成的。这些渺小的颗粒将太阳的平均密度提高至 1000 倍，使其成为一种气态存在。这个崭新的太阳位于主序恒星带上，与白矮星毗邻，是非常危险的不稳定星球。同样的道理，我们如果在这个领域放进一颗恒星，它也是不可能长久存在的。这是不是就是这个地方没有恒星的原因？抑或是这个地方刚好就是不稳定恒星存在的地区呢？

也许你会再一次质疑我说的关于恒星收缩和它的温度变化之间的联系的这种观点，它真的正确吗？我们真的相信太阳的温度是随着体积的增加而降低吗？答案怎样都毫无意义。L环或者M环以内的电子将随着温度的变化二次组成，形成更大的原子。庆幸的是为了保持稳定性，它们能自由运行。不过如果研究对象的重量比太阳重10倍甚至50倍，又会出现不一样的结果：重组后的新原子是非常稳定的，在赫·罗的图中，有一块地方正是为这类新恒星留着的。

如此错综复杂的问题，要使用诸如此类的探讨，是不被人们所接受的。科学的探讨应该需要有数据的支撑。下图是赫·罗图，它分为很多不同的地区，代表着不一样的状态。

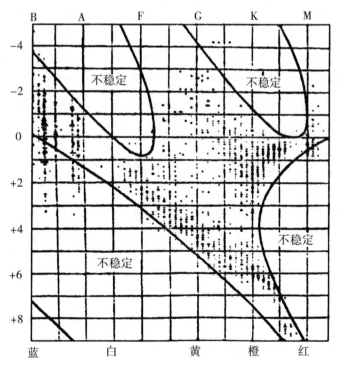

图 39 赫·罗图关于稳定状态与不稳定状态的示意图

从图中，我们可以清楚地分辨出稳定与不稳定状态地区。图中阴影部分表示星等确定的 2100 颗恒星。这些数据是威尔逊山用光学原理的视差方法计算出的。这其中的数据并不是没有瑕疵的，因为在 B 区域中，视差存在着很多不确定因素，而且 A 区域中，视差无法通过光学原理发现。这样一来，图中的曲线就不那么可信了。不过尽管如此，它们还是可以有效地区别这些区域是否有恒星，以及哪些是稳定区域，那些是不稳定区域。排除掉理论以及观察得到的数据等不确定因素外，仍然有很多相同点，证明这一切不是巧合。

数学计算可能会得出这样一个结果：赫·罗图中的区域，凡是有恒星存在的，它的中心地带都一定程度上有液体存在。而别的恒星肯定都不在有星区域中，性质也是不稳定的。一句话，有星区域的恒星中心必须有液体存在。

此时此刻，又有一个问题出现了，就像我们在第四章中遇到的一样：一颗中心有液体的恒星，遇到分裂就会被毁灭。

但是有一种观点，对恒星中心是液态这一推测进行了强烈批判：位于 K 环上原子，直径本身就非常非常小，是不可能脱离气体状态的。因此要继续讨论这个问题，就得先弄清楚 K 环原子的直径。多数人对此不会怀疑，因为玻尔理论已经说明了 K 环原子的直径。玻尔理论指出，其直径是 0.54×10^{-8} 厘米。实际上，固体氦和液体氦却证明，它们的直径是 4×10^{-8} 厘米，这也是玻尔理论所说的 400 倍。这样说来，我们对 K 环电子的直径似乎仍然了解不多。

根据薛定谔的新波动力学，原子内部的结构与玻尔理论所说的完全不同。这个理论很快取代了陈旧的玻尔理论。在旧的理论中，电子与原子核距离遥远，当它们逐渐靠拢时，就会产生改变。不过到现在为止，没人能说出 K 环轨道中的电子情形，顶多是估算出 K 环轨道的能量。只有我们在对物体的性质有更详细的了解的时候，我们才可以预测这种轨道存在的空间。

我们必须相信，一些物理证据看起来很有道理，它们说，实际上 K 环电子的大小比猜测的要小。但我觉得天文学方面的发现应该是更可信的依据，与它说的截然不同。具体不一样的情况我们暂时先不讨论，在这里，我们先来看看会有什么样的新的难点。

如果不知道恒星内部的原子种类，我们就无法计算出它的温度到底达到多高时，才会产生分裂。我们无法画出不知原子序数的原子，在稳定与不稳定之间的曲线。

上图中的曲线，是假设原子序数为 95 左右而画出来的，它要高于序数为 92 的铀原子。之所以定为这个原子序数，是因为它可以最大程度地综合理论和实践，而且也有其他观点可以证明这点。

恒星的构成

一颗恒星也有其自身的一种组合，就像一座建筑、一堆沙子一样。如果它的内部构造不向外面一层施加压力，来冲抵引力产生的压力，那么它就会轰塌以至于破碎。这样的压力不像普通的气压，并不是全部由于分子碰撞的结果。这种压力一部分是来自一定数目的原子碰撞，这些原子中的电子差不多全部或者说是全部都被剥夺了，剩下的只有原子核；然而更大部分的压力是由大量的快速运动的电子撞击产生的，就像冰雹那样自由碰撞。对于超级大的恒星来说，辐射造成了它们的额外压力。因为辐射本身就具有质量，它也向被辐射的物体施加了压力。由于自由电子、原子和辐射三者共同产生的压力，使得恒星避免了因本身引力产生的分解。

从而得出了一幅合理的恒星结构图，同时也得出一幅表现物理功用的图——那就是把原子核看做成 α 射线粒子，把自由电子看成是 β 射线粒子，辐射看成是 γ 射线粒子。这样一来，这三种射线的辐射就完全穿透了恒星。科学家在实验的时候发现，这三种射线中，β 射线的穿透力要比 α 射线强，而 γ 射线的穿透力是最强的。

内部的热传导

现在我们已经了解到，气体分子运动的能量全部倚靠气体自身的热量。人们在研究气体热量时，把气体分子看作是热的载体。当两个分子相遇时，它们所携带的热量相互进行交换，热量就从温度比较高的分子传递到温度比较低的分子那里。每个分子都有这样的导热功能，并且这样的能力与分子的运动能量，以及运转速度还有连续传导的距离都是成正比的。

恒星的中心，有三种重要的载体在起作用，它们是原子核、自由电子以及辐射。我们用增加能量、速度以及"自由路径"这三种形式来比较三者的传导热能的效力。我们为了达到这个目标，可以把辐射的自由途径比作是辐射被吸收百分之三十七之前所经过的距离，因为这样能够让辐射传播能量的平均距离表示出来。经过计算，与辐射进行对比，原子核和电子的传热效力是微不足道的。原子核和自由电子有许多能量需要传导，可是它们的穿透力又不强，因此它们传播的距离和辐射的比起来要小很多，它们传播的速度当然也太慢，这是因为辐射是以光速进行传播能量的。从这点来分析的话，主要是经过辐射，能量从恒星内部传播到外表这种观点是可以接受的。

1894 年桑普森首次明确提出这样的规则。他还说过，恒星内部任何的一小部分的温度都是由以下的环境决定的，那就是它就接受到的辐射量必须相当于它辐射出去的量。不过不幸的是，这一原理在论证的时候，却被他自己错误的辐射定律否定掉了。12 年以后，史瓦西再次提出这一想法，并且运用数学公式来进行计算，为这个问题的更深的探索打下了良好的基础。

从恒星内部向外表传导热量这方面，辐射要大大超过电子和原子核的传导能力，所以星体的构成，也一定取决于星体中心物质的热的不传导性了。由于不传导性变化了，那么传播能量的辐射也就会发生改变，以致影响到整个恒星的构造。

假设一颗恒星的中心呈完全透明状，那热量就完全不可能保存下来。而整个中心的温度就会变得更低，并且还有非常大的延展性。相反，如果一颗恒星完全不透明的话，热量就会在产生热的区域中蓄积起来，因此恒星中心的热量就会变得更高，那么恒星的半径也就相应变得更短。在刚才所提出的许多极端的例子中可以知道，恒星的构成取决于热量的不传导性。

遗憾的是，我们现在完全无法计算出地球物质在恒星条件下的不传导性。这是因为恒星内部的温度极高，以至于在地球上根本无法找到能达到这种温度的任何实验区域。但是我们既然知道是由构成恒星的物质的原子、原子核和电子才能合成这样的物质。因此，这又是一个怎样在理论上计算这样物质的不传导性的问题。

1923 年的时候，哥本哈根的克拉默斯教授做过这种计算并且被人们普遍接受了。他的推测已经相当接近实际了。但因为实验环境与真实的恒星环境千差万别，因此这个理论在恒星上是否奏效还不好说。

根据克拉默斯公式，我们可以确定恒星的构成是怎样的，或者是我们现在假设已经知道了恒星的构成。从这个公式我们知道，能量由内向外传播的速度，往往取决于这个星球本身的热的不传导性。这样我们又可以知道，星体内部必须以最快的速度产生出能量，来保持组态的辐射平衡。事实就如预计的那样，不同直径的组态是以各自不同的速度在制造能量。星体也只有不断地调整它们各自的直径，才能适应各自能量产生所需的速度。如此一来，恒星也就有了各自不同的直径，以及它们各自的表面温度、颜色和形状。

假如出现这样的情况，恒星制造出能量的速度突然改变，这样的话恒星也就会迅速发生膨胀或者进行收缩，直到出现了适合的直径和温度和新的产生能量的速度匹配。

根据详细的计算我们知道，那些完全是气态构成的恒星，直径大，但是产生出的能量反而却很小。直径小的话，产生出的能量反而又很大。因此，如果整个恒星是气态的话，那么同等质量的主序星与之对比的话，红巨星也就不那么亮了。假设一个红巨星的辐射能要比相同质量的主序星高出 10 到 20 倍的话，这就无法证明恒星是由气态组成的。还有一点可以更加明显地说明，那就是如果恒星全部是由气态构成的话，那么这条表中的粗斜线就是直向左上方偏离的斜线。然而现在的事实却是这条斜线不完全是直向左上方，它和表中显示出的曲线中存在了一个宽大的偏带。这也说明星体物质不全是气态的事实。

克拉默斯理论提出，物质能量的不传导性，是由构成这种物质的原子的序数和质量共同决定的。同样是由大量原子核构成的物质，在吸收辐射方面进行比较的话，大块的物质就会比小块物质强许多。我们在日常生活中也有这样的切实感受。也是因为如此，科学家和外科医生们都选择用铅作为器材，来阻隔X射线的辐射。因为同样质量的铅，要比木材或者铁更加有效。如果我们把一个X射线仪的强度和它附近屏蔽物的总质量确定下来，那么我们就可以计算出这个屏蔽物的原子量。当然，我们是通过测算从这个屏蔽物散发出的辐射量进行计算的。

几乎类似这种方法，我们也可以算出那些组成恒星原子的原子量。现在把一颗恒星当作是一台X射线仪。我们已经得出许多恒星的质量，也知道了它们放射X射线的速度，这个速度也就是恒星向天空中散发能量的速度。如果现在我们把恒星里的每一个原子核都一分为二的话，我们也就是把恒星的不传导性一分为二了。这样一来，在没有被其他东西吸收之前，星球中发出的辐射就会变为原来的2倍。如果恒星是气态构成的话，那么这样一来的话恒星就会膨胀，直径也将达到原来的4倍。不过它的表面温度却会下降到原来的一半。因此，我们是可以根据恒星的质量、光度以及它表面上的温度来计算组成这个恒星物质的原子量。

同样的，假设一个恒星完全是气态的话，那么计算出很多恒星的原子序数也就都会高于铀的原子序数。但是我们已经知道当时地球上原子序数最高的就是铀了，因此要计算出的结果就得非常非常高，这种情况简直是不可能出现的。因此这也说明恒星不完全是由气态组成的。

恒星不完全是由气态组成的话，我们再假设它的内部有一部分是液体。这样我们就估算出原子序数大约为95，这个数字也就大大降低了。这样计算是考虑了赫·罗图表基本上和现在已知的情况完全一致这种事实。

其他的观点似乎表示出星体原子的原子序数要比92高。如果是我们完全不知道的一种物质发出的辐射的话，那么一般物质的辐射就不会受到温度和密度的影响。星球辐射也就不可能来自我们地球上的某种物质。也就是说恒星上肯定还有其他种类的物质，这种物质的原子序数通通比地球上铀原子的序数要高。因为原子序数从1排到92的都已经在地球上发现了。最高的92也就是铀原子的原子序数。

超重型的原子是绝不会出现在恒星光谱中的，这样的话就帮助我们了解到恒星大气的构成。恒星光谱仪上所表现的，都是那些向恒星外表流动的比较轻的原子，或者大部分是这些原子。行星产生的时候，如果太阳大气中含有一定数量的这些超重型原子，那我们地球也应该存在。只不过这种超重型的原子数量不会太多，因为太多的话会产生更多的能量，这样的话我们就很容易观察出来。我们应当这样推测，那些比较重的原子沉淀到了恒星的中心，而流到太阳外面的比较轻的原子就构成了地球。

恒星的演变

我们假设，那些外层空间的漩涡星云，发生收缩后而产生了恒星。根据这样形成的情况看，每个星体也就该有各种各样的体积，这些体积最低也不能低于某一个点。因此，不管是在恒星形成之初，还是发展过程中，它的体积大小、质量或者某种物理条件是相同的。赫·罗图表中显示的是，恒星是应该出现在各个不同的位置上。然而我们可以设想，在最初的时候，它们应该是局限在那些有星球的区域。一种情况是，像"恒星液态说"的那种情况，因为仅有的固定的组态就是这些区域了；第二种情况就是，我们到现在为止也还说不明的另外原因。就好比恒星在一天天的运转过程中，会一点点地消耗重量，所以它产生能量的速度也会降低，这种降低也包含了恒星的亮度，这样一来，恒星也就会移到图表中的其他的位置了。

我们再来看希尔斯（P162 图 36），这个是显示恒星质量的图。现在我们把相等质量的曲线，看做是一段梯级，像楼梯的梯级那样，每一级就比上一级要低。无论恒星怎样变化，它的质量都会比后一梯级要低。因为梯级前一级始终不会比后一级高。

在之前的赫·罗图表中，我们可以勾勒出两条路径，这两条路径也可以说明恒星变化。只不过这两条路径不会进入无星区的范围中。大部分的恒星，在把自身物质转化为辐射能这个过程中，都在一定程度上会经过这样的路径。那么我们勾勒的第一条，也就是主序星区。也有很多人说主序星区是大部分恒星经过的一道关键性的路径。在赫·罗图中看到，恒星经过的第二条路径可能就是从表示红巨星最初的支线那里开始。有相当数量的恒星，按着这条路径移动，首先是进入主序星，此时变成蓝星或者是变为白星；然后继续运动，到达主序星下的部分，这时候又变成了暗红星，最后直到消失不见。

恒星在运动过程中，不管按照哪条路径，它自身都会发生萎缩，因此直径会不断地缩小。不过恒星的密度却不一定会增加。这是因为恒星的质量不断减少，就算是它的密度保持不变，这样不断地缩小也会使得它的直径变小。但是在希尔斯图中，我们所看到的那些有中等密度的恒星，哪怕是在趋向主序星中间位置的时候，我们不清楚增加的幅度到底是多少，但是它们的密度却是真真切切地不断在上升。

实际上，有关恒星演变的理论，不管是哪一种，都是在假设这些恒星变化的类型和上面描述的总类型一致这个基础上实现的。现代科学家自然是更相信恒星经过的主要路径就是主序星区域，但是在早期的学者眼中，恒星在初期，主要还是从红巨星开始的那条支线经过的，到了中后期的时候，恒星才进入主序星范围。

在如此多不同的恒星演变理论中，有一种洛基尔理论提到，恒星温度的上升与下降形成的两条分支线，也就是赫·罗图中说到的恒星运行的路径。1913年，罗素再次用理论说明，恒星的演变过程就是前面详细解说的那样。至于恒星为什么会沿着这几条路线运行，罗素也试图寻找出物理方法进行详细的解释。于是在 1925 年，他又提出了一种新的理论。新旧理论没有太大的差别，只是在恒星为什么只会沿着这几条路线运行这个问题上，新理论作出了解释。在"罗素的假说"那一章中，我们有更为详细的说明。

对于恒星变化的路径，现在大概所有的科学家都一致认为，它确是像前面详细描绘的那样。也就是恒星的演变有的从红巨星开始，也有的从蓝星开始，当然也有从中等条件开始的。伴随着恒星存在的时间越长，它们就会慢慢向下移动，就像赫·罗图中描述的那样，这些恒星通过不同的途径向下移动。这个过程中恒星从倒置的 γ 分叉点开始，朝着主序星范围的方向慢慢向下移动。不过从另外一个角度来说，在这些恒星演变经过的路径上，天文家们又各抒己见。很多人不愿对结果作出结论。他们想通过实际稳妥的证据来判定最终的结果。

在那些漩涡星云发生变化，爆发出一片又一片的火雾，这些天文学家认为恒星是这样产生的时候，它们还是各种各样原子构成的混合物体。这些混合体有的会立即转化为辐射，永远地消失在宇宙中；也有的就长久保存下来，这也就是我们叫它们恒星的原因。如此的话，地球除了含有少数的放射性原子之外，也必定含有恒星所含的全部新型的原子。根据有关推算，恒星的平均原子存在寿命，要比地球上物质的原子寿命更短。不然的话，这些原子的毁灭速度就会让地球气温升高，以至于最后高得不适合人类居住。恒星产生能量的能力，并不和它那些能存在很久的原子有关系，这些可以长久存在的原子仅仅只会增加恒星的质量。那些寿命最短的原子，可以让恒星制造能量的能力大大增加，变得非常强大，但是它们却几乎不会影响恒星本身的质量。因此，不管是任何类型的原子，它的寿命越短，那么在这个恒星湮灭中所占的比例就会越大，如此一来，它每吨物质就会产生更多的热量。

有很大一部分寿命很短的原子，在恒星产生的最初时期，就首次剧烈地产生了能量。因此，这些寿命短的原子随着时间的消逝也最先开始湮灭。一旦这些原子开始消失，那么恒星每吨物质产生的能量也就大大降低，直到最后每吨物质产生能量所需要的速度也变慢。最后，当那些可以制造出能量的原子全部消耗掉，那么恒星的辐射能力也就很小很小了，这时候的恒星，看上去就像是一块被压缩的物质了。

这也就是说，恒星原子在总量中的死亡率和它每吨物质产生能量的速度是成正比的。就好比我们现在说的天狼星。它上面每吨物质可以产生的能量是目前太阳的16倍，也就等于说太阳上的原子寿命却是天狼星上的原子寿命的16倍，对于死亡率来说的话，天狼星上的原子死亡率却是太阳的16倍。不管是什么恒星，原子的平均死亡率会伴随着那部分死亡率最高的原子的湮灭而降低。也就是说，恒星年龄的不断增长，它每吨物质产生能量的能力就会下降。

这个情况和天文学家实际探测得到的结果是一样的。那些最大的恒星产生的能量比那些小的恒星产生的要多得多。并且每吨物质所产生的能量也要多很多。下面的表格就标注出了主序恒星产生的能量各自是多少。

恒星	质量 （以太阳的质量为单位）	产生的能量 （尔格 / 克）
皮耶赛斯星 α	36.30	15 000.00
υ 船尾星（座）α	19.20	1000.00
天狼星（座）α	2.45	29.00
太阳	1.00	1.90
ε 波江星（座）	0.45	0.26
克留格尔 60B	0.20	0.021

希尔斯图也描述了相关恒星质量的说明，由此可以看出，这就好比是恒星所拥有的财富。于是我们可以很形象地描绘出这样的景象: 青年时期的恒星，拥有的财富特别多，因此大量的放射能量，就像肆意挥霍那样。到了年纪大的时候，释放的能量就越来越少了。这种现象，我们在理论上也是可以进行证明的。

图表还显示出这样的一幕，那就是两个恒星即使是质量相等，它们的亮度也各不相同。在很大程度上来看，通向红巨星分支的那些巨星和相同质量的主序恒星进行比较的话，主序恒星也没有那些巨星亮。以辐射量进行比较的话，红巨星至少也是主序恒星的 10 到 20 倍。当主序恒星开始向白矮星移动的时候，我们也能推算出，主序恒星的辐射量要比白矮星的强上 500 倍以上。下面表格中是三个白矮星的辐射量，我们可以拿来和前面提到的三个主序恒星的辐射量进行比较。

恒星	质量 （以太阳质量为单位）	产生的能量 （尔格/克）
天狼星（座）β	0.85	0.002 7
O_2 波江星（座）	0.44	0.002 0
冯·马南星	0.20	0.000 55

按当前的科技水平，我们来作这样的假设。假如恒星产生能量不会受到任何物理条件的影响，完全是自身产生能量的。对比先前描述的实际情况，即使作了这样的假设，也还不足以论证问题的全部真相。拿天狼星来说明的话，假如现在 α 是天狼星，β 是天狼星伴星。这两个星体很大程度上是由同一个星云产生的。但是两者每吨物质所释放的能量进行比较的话，α 就远远大于 β 的4000 倍。如此一来，两者之间存在的天大的区别，也很难证明出这两个星体是不同类型的原子产生的。另外，这类说法也被双星同源的事实基本否定了。

在物理状态方面，这两个恒星中的原子也存在明显的差异。在列举的天狼星 α 中，K 环上存在着那些毫发无损的原子。但是在 β 上，那些原子却被分裂成了裸核以及自由电子。如果这两个星体有相同类型的基本原子，那么它们原子各自所在的物理条件，就决定了它们巨大的产生能量的差异。

在第三章的时候，我们就作了这样的假设：恒星是通过结合电子与质子来产生能量的。

因为在原子核中才会存在质子。因此，我们从纯物理学观点出发，也就只有那些一直环绕原子核转动的电子才会与这些有特质的质子结合。质子也才会存在在原子核中。这样的假设，在恒星的构成研究中得到了证明。因为只有整个星体不稳固的时候，自由电子才会直接到达原子核，产生能量。只是这样一来，星体在发生辐射时，就会迅速发生爆炸。这样的假设也说明，一个恒星中，轨道上只会有少许的原子还带着电子在运转，因此它产生的能量也自然少了。这种说法可以证明白矮星产生能量的能力为什么那么小，红巨星为什么又比那些相同质量的主序恒星产生更多的能量了。

恒星在不断演变的过程中变得越来越轻，它的重量一点点在减轻。因为这些恒星需要不停地改变它的组态，来适应产生能量所需的速度。同一个恒星，在不同时期可以是红巨星，然后成为主序恒星，接着又是白矮星。这也就是说，恒星要随时适应它产生能量的速度，就必须随时改变它自身的直径。

前一段刚刚提到，恒星不仅要改变产生能量的速度，又需要改变释放能量的速度。因此，它得随时变化它的直径，这样才会使产生能量和释放能量这两种过程协调统一。同一个恒星，它释放能量的速度会比产生能量的速度大上很多，主要还是因为它的轨道上时而有很多的电子在运转，时而又几乎是没有电子。在宇宙中，像这样的差异所有的恒星几乎都存在，除了长周期变星。因为长周期变星一直在不停地膨胀与收缩，在它自身产生和释放能量的过程中，找不出一个合适的直径协调。

如相同的假设成立，那么也可以说，在整个银河系中，所有巨大变星几乎都有相同的星龄，并且还可能是由同一个星云产生的。就算那些最亮的恒星，也不可能一直保持现在产生能量的速度存活 1000 亿年以上。如果它们的星龄更长的话，就算那些最亮的恒星，即便已经存活了上百亿年的话，星云在最初的时候也不可能产生出重量这么巨大的星体。不过，如果那些最亮的恒星光度是近期才形成的话，这些恒星整个存活的 98% 时间中失去的能量会极少，这样的话它们就不存在消亡，这样前面的假设就是成立的。之所以不存在消亡，这是因为这些恒星的原子中，很多电子都被分裂掉，剩下来的仅仅是些裸核子。有人会说，恒星整个存活时间的 98% 是不是显得太多了？这种情况只是我们列举的一个非常特别的例子，就比如我们现在遇到的一个非常少见的类型的恒星，我们才假设有 98% 这样多的比例。只不过在很大程度上，如此少见的类型的恒星一千个里面可能出现一个。

这样的恒星目前非特别明亮。但是早时期的它们，还是处于睡眠状态的时候，它们还可能是非常重的白矮星。专门研究这些的天文学家没有对它们的存在进行有力的论证，然而也没有其他的证据说它们并不存在。我们已经知道非常巨大的恒星是很罕见的，所以，可能我们必须要远离太阳才能找到这样的一颗。

也许是因为它太遥远，因此我们从地球上观察宇宙根本就找不到。但是不管怎么说，人们很可能不会发现那些在遥远的地方一颗光度又弱的恒星。这么看来，到现在为止，没有被发觉到的恒星我们也不能说它们不存在。

并且我们还不能相信这样的恒星没有被发现。那些非常庞大的白矮星的表面温度要比庞大的主序恒星的外表温度高很多，也比那些已知的白矮星的表面温度高很多，后两者的重量都比较轻。现在已知的这样一整个星群，也就是 O 型恒星，根据它的光谱可以知道，它们的表面温度确实是非常高的。这样的恒星通常看成是非常遥远并且光度非常高的星群。然而，当中那些至少一些是光度比较弱距离又适中的恒星，特别是那些行星星云当中的那些中心恒星，都是属于 O 型和 B 型的。据了解，尽管正常的这类主序恒星的光谱型要比太阳光谱型要亮 1000 倍，但是它们的光度却没有太阳的光度强。这样的行星星云也许就是我们需要找到的那种。但是，对我们这样的观点有两种反对意见说得很有道理，容不得我们忽视。其中第一条就是，假如我们只是以通常的形式来认识它们的光谱，那么相对于它们巨大的体积它们的运动速度能够如此之快，这样的现象却又无法理解；第二，它们的光谱并没有出现向红色方向发生位移的现象；我们知道，按照理论来说，直径小但是质量大的恒星会出现这种位移才是合理的。就算这样的难点无法解释，然而这样的恒星真实存在这个说法仍然是对的。要么是 O 型，要么是 B 型光度微弱的。我们现在的猜想就是那些非常大的恒星是处于睡眠状态中的。总的来说，我们可以这样猜想，一颗非常庞大的恒星，它是以行星星云的形式或者是以 O 型恒星的形式在宇宙中存在了数十亿甚至上百亿年，其自身的质量没有发生改变，某一天突然爆发出一颗全新的亮度非常高的恒星。对于这样的猜想，我们还没有足够的证据进行说明。一部分的疑惑解开了，但是我们又会遇到新的难点。

现在说白矮星。排除那些假设的巨大的白矮星，天文学家一般赞同普通的白矮星是恒星演变的最后时期。他们一致认为这些白矮星的中心温度是非常高的，这些星体的原子中所带的电子几乎全部被驱散，仅仅留下原子核。然而对于恒星为什么会处在这种状态下，依然没有统一的说法，大家意见各不相同。

用恒星液体观点来说明白矮星处于这种状态是可以理解的。这种观点认为这样的白矮星是恒星演变的最后时期，并且这是一次灾难性的收缩。此时的白矮星释放的能量已经不能够维持它的主序恒星地位了。因此在这样的情况下，恒星只能辐射出非常少的能量，几乎全部停止了湮灭和衰变。因此，如果太阳继续像现在这样发光，进行辐射，那么持续1.5万亿年之后，太阳本身也就会全部辐射完。与此相悖的是，冯·马南星却不会这样，它很可能按目前的速度继续辐射，经过1.5万亿年之后，它的损耗却不会大于现在质量的$\frac{1}{1000}$。我们可以推断白矮星确实是恒星演变的最后时期。从这一刻起，变化和衰变几乎都停止。一旦收缩到这样状态下的恒星，它又将进入到一个全新的阶段，然而要真正开始新的篇章，还是需要数千亿年的时间。

恒星演化的进一步研究

随着望远镜研制水平的不断提高，从19世纪中叶开始，人们逐渐对恒星的大小、质量、光度、温度等参量进行精确测定。毕竟恒星离我们都比较远，各种参量的测定要比测定太阳、行星的难得多，且经历多次修正。直到20世纪60年代，人们逐渐弄清了恒星起源及演化的历程，大致如下：

恒星的诞生

恒星诞生开始于巨型分子云。这种分子云主要成分是氢原子，密度很不均匀，大约是每立方厘米数千到百万个氢原子，它的质量大约是十万到数千万个太阳质量，直径为50到300光年。

这种巨型分子云在绕星系旋转时，会发生引力坍缩，诱因大致有以下几种：

1. 巨分子云可能互相冲撞
2. 穿越星系旋臂的稠密部分。
3. 邻近的超新星爆发抛出的高速物质冲撞。

巨型分子云一旦发生引力坍缩，从而造成星云压缩和扰动，形成大量的恒星。

具体地说，巨型分子云在坍缩的过程中，会分解成无数的质量更小片段，而那些质量小于50倍太阳质量的碎片就会形成原始恒星。在这个过程中，星云的气体分子也会被巨型分子云所释放出来的能量加热，从而使星云自旋运动，进而使这些星云形成原始恒星。

原始恒星的表面几乎完全被密集的星云气体和灰尘所掩盖，很难观察到，只有通过它对四周光亮的气体云所产生的阴影推测它的存在。这时的原始恒星被称为包克球。

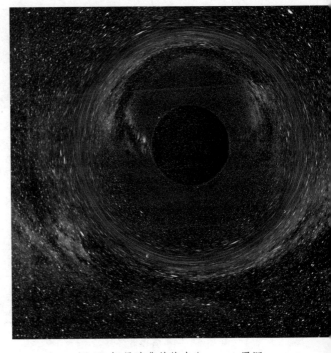

图 40 恒星演化的终点之一——黑洞

并不是所有的原始恒星都会发生核聚变反应，形成明亮的恒星，这取决于于原始恒星的质量和化学成分。如果原始恒星的质量很小，其内部温度达不到开始氢的核融合反应的条件，这样的原始恒星就会成为棕矮星。一般来说，质量小于 0.075 太阳质量且金属丰度和太阳相似的原始恒星会成为棕矮星。当然，如果原始恒星的金属丰度大于太阳的话，它成为棕矮星的质量界限就越低。当棕矮星的质量大于 13 木星质量（M_J）时，它内部也会进行氘的融合反应，对于这类天体，有些天文学家称它们为次恒星天体。不论棕矮星内部是否进行氘的融合反应，它的寿命可能只有数亿年，随后它们的光度暗淡，逐渐死亡。

质量大于 0.075 太阳质量的原始恒星，核心的温度可以达到 1 000 万 K，足够将氢先融合成氘，发生氢核聚变反应。氢核融合过程中，会释放巨大能量，使由于辐射而损失的能量得以补充（无须再依靠引力势能转化而来），原始恒星就不再收缩而达到平衡。这时的原始恒星开始成为一颗处于稳定主序星带的恒星。太阳就是这种普通恒星的一例。它已在这种靠内部氢融合成氦而维持的

图 41 恒星演化的终点之一——中子星

稳定状态中度过了约 46 亿年，大约还能保持这种状态 50 亿年。一旦恒星消耗掉核心内大部份的氢之后，它就会离开主序带。

当原始恒星在坍塌的过程中，如果它附近仍残留有巨分子云碎片，且质量很小时，这些碎片就有可能形成行星、小行星和彗星等行星际天体；如果巨分子云碎片与形成的恒星质量相近，它们就会形成双子或多子星系。

恒星的中年

新诞生的恒星的颜色、光度各不相同，主要取决于质量的大小。恒星的质量从最低的 0.085 太阳质量到数十倍乃至百倍于太阳质量，它们对应的光谱类型的范围从低温的红色到高热的蓝色。新诞生的恒星会落在赫·罗图的主序星带上一个特定的点上。

质量小的红矮星燃烧氢的速度很慢，它能在主序星带上停留数百亿年甚至上千亿年，而那些质量远大于太阳的超巨星在主序星带上只能停留数百万年。

恒星的成熟

在恒星形成几百万到上千亿年之后，恒星会消耗完核心中的氢，核心部分的核反应会停止，而留下一个氦核。 失去了抵抗重力的核反应能量之后，恒星的外壳开始引力坍缩。核心的温度和压力像恒星形成过程中一样升高，但是在一个更高的层次上。一旦核心的温度达到了 1 亿 K，核心就开始进行氦聚变，重新通过核聚变产生能量来抵抗引力。氦聚变会产生巨大能量，从而造成恒星大幅膨胀，成为红巨星。红巨星阶段会持续数百万年，但是大部分红巨星都是变星，不稳定。恒星质量不足以产生氦聚变的会释放热能，逐渐冷却，成为红矮星。

恒星的晚年和死亡

恒星的下一步演化再一次由恒星的质量决定，主要有以下四种。

低质量恒星：

质量小于 0.5 倍太阳质量的恒星在氢耗尽之后不会在核心产生氦聚变反应。例如已经探知的红矮星比邻星，它的寿命长达数千亿年。这之后，在耗尽氢核后，它内部核聚变反应会终止，因质量不够，它内部不会引发氦核的聚变反应，从而使星体逐渐冷却，光度暗淡下去。由于宇宙的年龄被认为是 137 亿年，不足以使得这些恒星耗尽核心的氢，因此低质量恒星的演化终点没有被直接观察到。

中等质量恒星：

质量 0.5 到 3.4 太阳质量的恒星在氢燃烧完后，它的外壳会向外膨胀，而核心向内压缩，产生将氦聚变成碳的核反应，这时恒星达到红巨星阶段。氦核的聚变会重新产生能量，暂时缓解恒星的死亡过程。就太阳大小的恒星来说，它可在红巨星位置上逗留十亿年左右。 不过，氦聚变反应对温度极其敏感，从而造成红巨星的状态很不稳定，使它的体积忽大忽小。

在巨大的波动下，红巨星的一部分外壳会产生巨大的动能，从而被抛出去，形成行星状星云。行星状星云内核冷却后，就变成了小而致密的白矮星。通常白矮星的质量只有太阳的 0.6 倍，体积只有地球那么大。

白矮星比较稳定，如果没有外来能量支持，它在数百亿年后释放完最后的能量，逐渐暗淡下去，变成黑矮星。当然，就目前宇宙的年龄来说，黑矮星是不存在的。

如果白矮星的质量太大，电子互斥力会不足以抵抗引力，而会继续坍缩下去。这会造成恒星继续向外抛出外壳，也就是超新星爆发。也就是说，不会有大于 1.4

倍太阳质量的白矮星。

　　如果白矮星和另外一颗恒星组成双星系统，那么白矮星可能使用来自另外一颗恒星的氢进行核反应并且将周围的物质加热抛出，即使白矮星的质量低于1.4倍太阳质量。这样的爆炸称为新星。

　　大质量恒星：

　　当恒星的质量大于5倍太阳质量时，它的核心温度已经大到能够将由氢融合产生的氦引燃，从而进行氦核聚变反应。因此当这些恒星在膨胀和冷却时，它们的亮度不会比低质量的恒星大多少；但是它们会比低质量恒星开始时的阶段亮许多，并且也会比低质量恒星形成的红巨星明亮，因此这些恒星被称为超巨星。成为红超巨星之后，它的核心开始被重力压缩，温度和密度的上升会触发一系列聚变反应。这些聚变反应会生成越来越重的元素，产生的能量会暂时延缓恒星的坍缩。

图 42　类似于太阳质量的恒星的演化

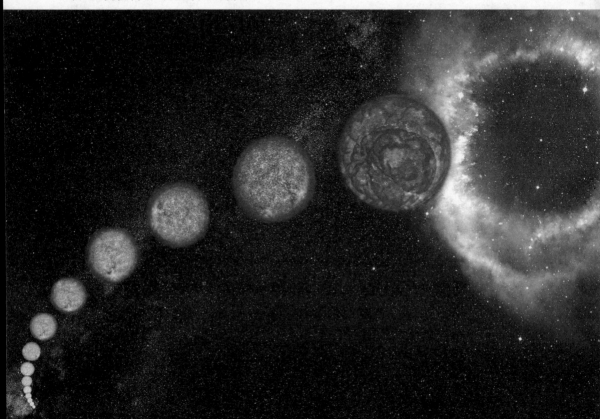

大质量恒星演化的下一步演化机制并不明确，大多学者认为红巨星状态不稳定，它的核心生成的重元素越来越多，最终会使它崩溃产生超新星。现代科学尚未明确超新星爆发的机制，以及恒星残骸的成分，但是已知有两种可能的演化终点：中子星和黑洞。

20世纪20年代初，英国天文学家爱丁顿（A.S.Eddington，1882—1944）通过研究认为：恒星在演化后期内部燃料即将耗尽，所产生的能量不足以抵消星体内部物质间的引力，于是体积收缩、密度增大，演化为质密的白矮星。1925年，天文学家在观测中发现了第一颗白矮星。

1939年，美国物理学家奥本海默（R.Oppenheim，1904—1967）提出：质量很大的恒星由于其引力的巨大，将使它的最后归宿不是白矮星，它会继续收缩，原子和原子核均被挤碎，带正电的质子与带负电的电子在强大引力作用下被结合成中性的中子，庞大星体收缩成为体积极小、质量和密度极大的小球——中子星。

同年，印度裔美国天文学家钱德拉塞卡（S.Chandrasekhar，1910—1995）预言：质量小于太阳1.44倍的恒星将会演化为白矮星；质量大于太阳1.44倍的恒星或是以大爆发的形式抛掉部分质量后演化为白矮星，或是继续收缩，经超新星爆发演化为密度更高的中子星或黑洞。

20世纪50年代，美国天文学家史瓦西（M. Schwarzschild，1912—）预言：超大质量恒星爆发后不断收缩，当它的引力强到足以使光都不能外逸时，就会成为"黑洞"。

1967年，英国射电天文学家赫威斯（A.Hewish，1924—）和他的研究生贝

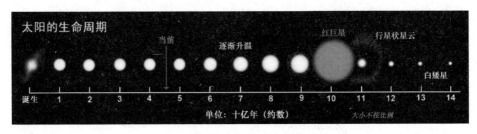

图 43 太阳的生命周期

尔（J.Bell，1943～）发现了第一颗中子星。

1974 年，英国理论物理学家霍金（S. Hawking，1942 — ）证明：黑洞中将产生正反粒子对，其中的正能粒子会逸出，形成黑洞"蒸发"的现象。

天文学家于 2012 年 7 月称，观测发现距地球超过 50 光年远的类星体编号 3C 279，它体内包含了一个质量高达十亿倍太阳质量的黑洞，成为首个"事件视界"被观测存在的直接证据。

人类对恒星演化过程的研究目前尚未完成，探索还将不断继续下去。

第六章

宇宙的诞生、发展和归宿

在大爆炸之前，时间和空间都不存在。宇宙从爆炸的瞬间开始膨胀，里面所有的一切也就跟着胀大。银河之所以会显得离我们越来越远，就是因为宇宙空间本身正在不断地膨胀！

宇宙的诞生——大爆炸宇宙学说

对于茫茫的宇宙，千百年来，直至今天，人们一直在探寻这些秘密：宇宙是什么时候形成的？它是怎样形成的？它日后会变成什么样？

对这些问题目前最有说服力、也最有影响力的解释是宇宙大爆炸学说，它虽然是根据天文观测研究后得到的一种设想，但已有大量的证据证实。

20 世纪初，随着使用大型天文望远镜对银河外的星系进行普遍观测，到 1929 年，美国天文学家哈勃不仅发现银河外星系的存在，还发现星系普遍存在着红移现象。根据物理学中的多普勒效应，红移现象意味着星系普遍处于相互分离的运动状态，它表明整个宇宙正在做膨胀运动！这一观测事实与爱因斯坦广义相对论中动态宇宙理论的预言是完全一致的。

自此，科学家们开始接受宇宙膨胀的事实，并开始探寻宇宙为什么会膨胀，是什么力量驱使星系互相分离。

首先给出解释的人是比利时天文学家乔吉奥·勒梅特。1932 年，他首次提

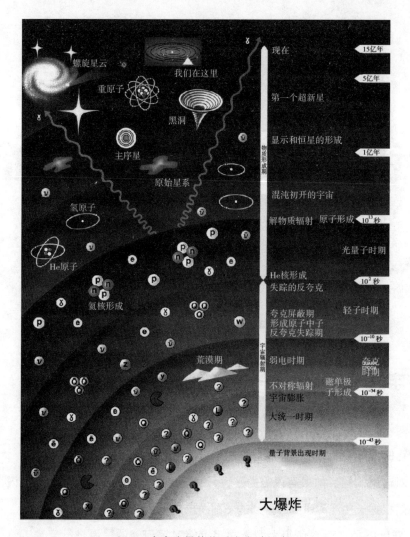

图 44 宇宙大爆炸物质生成时间表

出现代宇宙大爆炸理论：在距今 137 年前，宇宙中的一切是一个小块（他称之为"原始的原子"）。这个小块曾一度发生大爆炸，所有物质都往四面八方飞散，形成了我们今天的宇宙。

勒梅特的大爆炸理论可不是凭空想出来的，而是来源于对哈勃常数的测定。通过对哈勃常数的测定的数据表明，宇宙膨胀必定是在 100 亿～ 200 亿年前的某一时刻开始的。对宇宙中的各种天体的年龄普查使科学家们更加确信这一点。

通过天文观测发现，一些较老的球状星团年龄差不多都在90亿～150亿年之间，并且迄今观测到的所有天体的年龄都小于200亿年。这一事实表明：宇宙年龄不是无限的，宇宙各处可能有着共同的起源，即宇宙存在着一个时间上的开端。

在勒梅特基础上，1948年伽莫夫提出了较为合理的"宇宙大爆炸学说"。这一理论经过之后一些科学家们的进一步改进，大致形成如下的宇宙图景：宇宙开始于一个尺度极小的、高温、高密度的"原始火球"的大爆炸。开始时温度极高，除了产生能量以外什么都没有。随着冷却和向外扩散，能量的形式开始发生变化。在大爆炸后的1秒钟之内，在一些较热的点上，能量开始转变为粒子和反粒子，而在那些较冷的点上就形成了宇宙中最初的空隙地带。绝大多数粒子和反粒子由于相互间的电磁引力而相互靠近，最终结合在一起；大部分的反粒子都在湮灭中消失了，遗留下来的多余物质在旋转中逐渐凝集成为不规则的团块。大爆炸3分钟以后，对于将要组成新物质的亚原子粒子来说，温度还是太高了。但这以后它们开始组成原子核。大约再需要30万年的时间，才由冷却后的电子与原子核结合成第一批原子。有约20％的原子核是较重的氦原子核，其余80％是组成氢的氢原子核。其他化学元素的形成要晚得多。

随后，经过150亿年的漫长演化，先后诞生了星系团、星系、银河系、太阳系、行星、卫星等，形成了当今的宇宙形态，人类也就是在这一宇宙演变中诞生的。

在大爆炸之前，时间和空间都不存在。宇宙从爆炸的瞬间开始膨胀，里面所有的一切也就跟着胀大。银河之所以会显得离我们越来越远，就是因为宇宙空间本身正在不断地膨胀！

20世纪60年代，美国天文学家彭齐亚斯和威尔逊发现了他们发现了宇宙背景辐射，并证实宇宙背景辐射是宇宙大爆炸时留下的遗迹，为宇宙大爆炸理论提出供了有力证据。

宇宙大爆炸理论能较满意地解释宇宙中的一些根本问题，虽然并不成熟，但是仍然是现代宇宙学的一个主流。当然，至今科学家们尚不知晓宇宙开始爆炸和爆炸前的图景，仍然需要大量实验来支持宇宙大爆炸理论，使之更合理，更完善。

宇宙的终结之一——"热死亡"说

前面说过，宇宙大爆炸理论能较满意地解释宇宙中的一些根本问题，虽然并不成熟。我们在此讨论一下，宇宙的发展和它最终的归宿。

我们知道，能量只可能从高效能往低效能转变，随着宇宙辐射能量逐渐下降，宇宙就会"热死亡"。这是目前天文界的主流观点。我们来了解一下何为"热死亡"。

我们如今已经观察出，在物质世界中，稳定物质是怎样不断地转变为无形辐射的。太阳曾经要比现在重 3600 亿吨。这是由于太阳昼夜 24 小时都在不停地辐射造成的。而辐射出的物质此刻也正在天空中运动。以现在的观察来说，这样的运动注定是要持续下去直到时间的终止。所有的恒星都在进行这样从物质转变成辐射的过程。地球也不例外，只不过是它的程度比较弱一些。比如，在地球上，那些复杂的原子像铀，就正在不断地转变为更加简单的铅原子和氦原子，并且在这种转变的过程中逐渐释放出辐射。相比于太阳每日失掉 3600 亿吨的重量相比，地球每日因为辐射而损失的重量只有 90 磅。

谈了这么多，人们就会很自然地想到这样的问题：如果把宇宙作为一个整体来看的话，那么这种过程是不是只是闭路循环中的一部分呢？因为太远、恒星还是地球在这个过程中所产生的损失能从其他地方得到弥补吗？这就像我们站在河岸上，看着河水流向大海一样，我们都清楚这些水一定会变成云和雨重新再回到河中来是一样的。那么物质世界和这个循环体是一样的吗？又或者是把物质世界当做是一条无源之水，当源头的水没有的时候，这条河会断流吗？

热力学

普及度极高的科学原理"热力学第二定律"为我们简明扼要地解答了这个问题。假如你要问"究竟是什么原因使如此多种的生命力和活力围绕在我们身边"，回答的结果是"能量"——即是使轮船、火车、汽车可以运作的燃料中的化学能，是使身体维系活力、促使肌肉运动的食物中的化学能，是使地球运动过程中的昼夜、冬夏、潮水涨落等现象出现的机械能，也是使植物生长、使风起雨落产生的太阳能。

热力学第一定律（也包含有"能量守恒定律"）的观点是能量永恒。能量可以由一种形式转化变为不同的形式，但是在转变过程中其总量不变。因此存在于宇宙中的能量总额是恒久不变的。鉴于宇宙中促使生命力存在的能量不会消失，所以我们可以推测生命也将永恒存在。

可是对于生命永恒存在的可能性，热力学第二定律却不以为然。它认为虽然宇宙中能量的总额不会消失，可是其形式却一直在发生改变。总体来说向上和向下的改变均存在。众所周知向下的运动极易发生，可是向上的运动却难度极高，甚至可以说是无法实现的。故而大部分能量的转变方向都是一致的。例

图 45 能量耗尽后，宇宙在冷却中沉寂

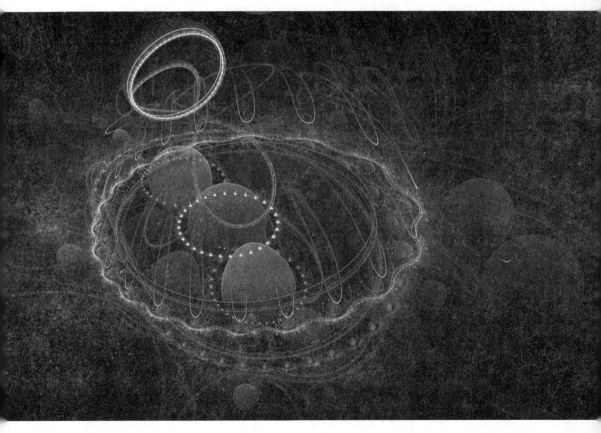

如，光和热这两种能量的形式是不一样的。100 万尔格的光能轻而易举便可转变为 100 万尔格的热能。在投射过程中无论遇到多么冷的、多么黑的物体，光都能够发生转变。可是想要使相反方向的转变发生却无法实现：使 100 万尔格的热能转变为 100 万尔格的光能是完全不可能的。这个例子向我们阐释了基本原理。它表明辐射能可以向更加长的波长能量形式转变，却不可能转变为更短的波长能量形式。如果将蓝光照射在荧光物质上，那么会出现绿色、黄色或者红色的光。斯托克斯原理得出光的波长在荧光物质下能够被增长。在光谱的紫外线区域内，被放入的荧光物质可以发出可见光。但是在红外线的区域内，却没有可以发出可见光的物质。

也许有人为反驳这一原理，会借用我们日常生活中点火的这个例子：我们点火所用的煤不就是太阳能量的储存体吗？我们在燃烧煤的过程中不是可以得到光吗？其结论是太阳辐射是由光能和热能混合而成的，而且其全部波长的辐射都是由这两者混合而成。煤中储存的主要是太阳的光和其他波长更短的辐射。当煤在燃烧时，我们从中能够得到一些光，但它们并非储存在煤中光的总量。我们也可以得到一些热，但它们远多于曾经储存进去的热量。由守恒理论得出，在完整的转化过程中，最终一部分光能转变为热能。

这个例子表明，有关能量的思考不仅需要着眼于量，还需要着眼于质。热力学第一定律认为能量的总额是恒定不变的。可是能量在质的层面会发生变化，且其变化的趋势逐步朝向同一方向。单向"转门"的现象存在于不同种类的质的能量中。能量很容易朝着同一方向转变，可是却不能发生逆向转变。在我们的生活中，并非必须遵循单向转门，可以用其他的路径去改变它的转向。可是对于能量来说，不存在能够绕行的路。热力学第二定律即是如此。能量如同朝下方流动的水，转变的方向始终如一。

像看到的情况一样，从较短波长的辐射向较长波长的转变形式是能量的向下转变通道。从量子力学角度来看，也就是将数量较少的高能量子转变为数量众多的低能量子。显而易见的，其能量总额未发生变化。因此能量向下转变实质上就是对其量子进行分解，从而转变为更小的单位。一旦向下的转变开始进行，量子进行分解，那么就像把鸡蛋打碎后便无法恢复原貌一样，原本能量的高能量子状态便无法恢复。

虽然这种方式是能量向下转变的主要途径，但也并不意味着是唯一的途径。热力学阐明形式不同的能量有不同的"效能"。在向下转变时，始终保持由高效能转化为低效能的能量转变过程。

让我们重新回到本章开篇的提问上："究竟是什么原因使宇宙中满是生命力和活力？"之前的答案是"能量"。现在看来这个回答是不全面的。这其中最关键的莫过于能量，但真正全面的回答应当为"是在向下转变过程中由高效能变为低效能的能量"。倘若由于宇宙中能量的总额不会消减，便认定宇宙将会永远存在，那么就好像因钟摆的重量不会消减，其指针就会永远向前走一样。

宇宙完结

如同摆钟那样，能量无法永远保持着向下运动，它终将会无法再走下去。所以宇宙也不会永存。终有一天仅剩的最后一尔格能量将滑落至效能梯级的最底部。此时充斥在宇宙间的活力也会消失。能量仍将永远存在，但是其变化的能力已经荡然无存。到那个时候，能量就好像是无法驱使水车转动的死水一般，无力使宇宙运动。那时存留下来的宇宙是死亡的，同时又有可能是温暖的。这就是我们所说的"热死亡"。

这些即是现代热力学阐释给我们的，对于它我们丝毫没有理由去怀疑。确实，我们从地球上学到的一切都有力地证明了这一点，对其毋庸置疑。宇宙循环遭到了这个学说的反驳。自然界中充满了循环，我们能看到河水汇入大海，却未看到水如何返回河中。虽然河水能够产生循环，可是它却无法代表整个宇宙。促使河水循环往复的是一种来自外表的东西，即太阳的能量。可是对于宇宙而言，它作为一个整体无法同河水般循环。因为某种来自宇宙外的必要动力的缺失，不管这动力究竟是什么，宇宙的能量将持续失去效用。当宇宙的能量不再失去效用时，这个宇宙一定已经死亡。而能量变化的趋势只朝着一个方向，因此必定会导致热死亡。宇宙类似于普通人，其命运的终结点都将是坟墓。

倘若在加入所有相关因素的情况下去思考，我们再来研究河水汇入大海这一典型的循环运动范例：大小不一的瀑布，当它们汇聚后汇入大海时，奔腾倾泻的河水会产生热量，最后这些热量会变成辐射向太空散去。实际上太阳的光照是促使河水持续流动的能量来源。假如失去了太阳发出的辐射，河水的流动将立即停止。在光能持续转变为热能的过程中，为河水流动提供了源源不断的动力。当太阳冷却后不再继续提供高效能的能量时，水流的运动一定会停止。

这个原理在宇宙天体中也同样适用。毫无疑问它们的能量运动方向也是向下的。因为这里的能量也是向下运动。开始时释放于炽热的恒星内部的是超短波和超高能量子。此类辐射在不断运动逐渐接近恒星表层时，借由持续的吸收和再放射以自我调节，使它的温度等同于它穿过恒星时所处位置的温度。因为波长较长时其温度会较低，所以辐射波长不断地变长。数量较少的高能量子不断转化成数量众多的低能量子。除非在运动途中遇到宇宙尘埃、零散原子、自由电子或者其他形式存在的太空物质，否则这些量子一经脱离恒星进入太空后便会不停地向前运动。只有遇到极为罕见的情况，才存在这些物质的温度高于恒星表面的温度的可能性。大部分情况下，辐射波长会在碰撞中逐步加大。最后，多次的碰撞会使它们的波辐射更长。无限增多的量子，其结果是导致单个量子的能量减少。或许原本高能量子的能量存留于质子和电子的毁灭过程中。因此储藏在质子和电子中的超高效能量持续向低效热能转化的过程，便是宇宙的演变史。

有很多人存在这样的幻想，以为这种低效能热能历经某种转变后会再次成为电子和质子。因为现存的宇宙正逐步向辐射分解，人们渴求新的天地能在尘埃中应运而生，这种幻想使这些人看到了希望。可是这种假设无法受到科学的支持。宇宙不可能这样发展，也不可能为这样的假说提供依据。同样形式的循环没有任何意义，而且我们也不容易看得出来。即使这种变化形式存在价值，我们也无法用语言表达。

当所有可以毁灭的原子全部毁灭后，当原子能量转化为热能长时间散播在

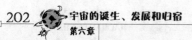

太空中的时候，当一切形式都能把辐射的势能完全转化为辐射的时候，此时便达到了宇宙最终的状态。

我们前面提到过哈勃的推测：宇宙中物质的分布密度为平均每立方厘米 1.5×10^{-31} 克。9×10^{20} 尔格为 1 克物质毁灭后可释放出的能量值，因此 1.5×10^{-31} 克物质可以释放出 1.35×10^{-10} 尔格能量。若宇宙中所有物质都毁灭了，每立方厘米仅可以得到 1.35×10^{-10} 尔格能量。在太空中，这点能量仅仅可以使温度从绝对零度提升至仍远低于液态空气的温度。在地球上，这点能量仅仅可以使其表层温度提升 1℃的六千分之一。宇宙中物质极其稀少使得整个宇宙毁灭的几率极低。如果毁灭宇宙间的所有物质以使宇宙升温，那么就相当于在大屋中东烧一粒灰尘，西烧一粒灰尘，以此来提高屋内的温度。相较于所有散播到宇宙中的辐射能，太空犹如无底洞般拥有无穷的吸收力可以将它们全部吸收掉。凭借现有的科学观测情况，可以推测在宇宙的扩展过程中，数以万计的已亡物质漂浮在太空中，还未被我们观测到。

近几年来，一批西方的天文学家发表了关于"宇宙无始无终"的新论断。他们认为，宇宙既没有"诞生"之日，也没有终结之时，而就是在一次又一次的大爆炸中进行运动，循环往复，以至无穷的。 至于"宇宙无始无终"的新论是否正确，科学家认为，过几年国际天文学界可望对此做出验证。

生命和宇宙

抛开研究宇宙是一个实体的努力，我们来看一下我们所能了解的宇宙范围与生命的联系。之前，人们总是以为每个星光都是一个生命的存在。这种看法与现代天文学是截然不同的。恒星表面的温度有 1650℃至 30000℃，有的会更高。而且它们的内部温度会更高一些。所有存在于宇宙中的物质的温度都有 100 万℃的高温，因此分子会被分解为原子，原子（至少有一部分原子）也将会被分解为组成原子的个体。生命的实质在于时间的延续，生命在原子的成分每秒钟达到数百万次的变换或者没有一对原子能组合到一起的情况下是不会存在的；生命

图 46 生命离不开水。当原始的地球冷却后出现了液态水，生命才开始诞生

的概念是空间的运动。鉴于这两点因素，生命的物理范围将会被限制得非常狭小。液态物质也只有在这个范围内才能得以存在。我们从对宇宙的探索中得知，这个范围跟宇宙比起来，简直如九牛一毛。天体中，也只有绕着太阳运动的地球这样的行星适宜生命的存在，其他行星适宜生命存在证据根还没有被发现。

现在，行星的数量已经很少了。行星形成于两颗恒星彼此的靠近，但是太空中的恒星彼此的空隙是那么大，一个恒星围绕另一颗恒星运行的情况几乎没有。但是准确的数学数据表示，上述情况只有在两颗恒星相遇，而且它们之间的距离是它们直径三倍的时候才会出现。我们知道恒星在太空中的分布情况，因此我们能准确地推算出两颗恒星运行到这样的距离的几率有多大。推算结果表明，恒星的寿命长达数十亿年，但是要成为拥有行星的恒星的概率只有十万分之一。

即使如此，要想有生命存在，行星上的温度一定要不冷不热。例如在太阳系中，根本不可能有生命存在于海王星和水星上面。因为水星上的水处在沸腾状态，而海王星上面的水根本不会融化。类似这种距离太阳太近或者太远的行星根本不适合生命生存。由此我们可以联想到由于其他行星自身就带有很大的能量以至于不适宜生命存在。构成地球的原子非常安分，仿佛是原子经过一系列活动后的最终产物，又好像是宇宙毁灭后的灰烬。我们所能看到的质量相对较轻的原子浮到恒星表面的可能性是相当大的。不过这并不代表所有的行星都是由安分的分子构成、都有生命存在。我们生活的地球是这样的发展模式，但是因为没有类似地球的发展模式而没有出现适宜生命存在的条件的行星或者是行星系有多少，我们并不是很清楚。

种种迹象表明，在宇宙里适合生命存在的地方，只有那么一部分非常小的角落而已。原始物质持续不断地产生辐射，历时上万亿年的时间后，产生了生命仅有的存活环境，那便是极少的不活泼灰烬。然而在发生了个别几次让人难以置信的特殊事件后，这些灰烬（并非其他物质）被迫从恒星上脱离，最终演变成一颗行星。就算这样，这些灰烬的残渣也要冷热适中，否则根本不适合生命存活。

最后，当一切完全符合生命存活的条件后，会不会有生命迹象出现呢？人们曾经广泛赞同了一个观点：宇宙中的生命不管是以哪种方式产生，之后的它肯定在每两个行星之间快速传播，甚至在每两个行星系之间快速传播，直到生命遍及整个宇宙。不过这种观点我们必须抛开在外。目前看来太空的温度实在太低了，两个行星系之间相隔了太远的距离。地球上存在的生命有极大的可能是来源于自身。我们想弄明白的是：生命的产生，到底是因为一件难以置信的特殊事件或者一系列巧合的事件，还是因为已经具备了所有适当的物理条件呢？我们想从生物学家那里找到问题的答案，只可惜到现在为止他们对此还无法作出回答。

这个问题的答案或许天文学家可以作出部分解答，不过前提是他们需要在火星或其他行星上找到证据证明生命的存在，问题被解答后我们至少知道了，在宇宙的历史中，生命不止出现过一次。不过目前这种能让人确信无疑的证据还没有被发现。在用高倍望远镜观测火星并对其拍照时，上面所谓的运河就会不见了。火星上也存在四季，季节变化会影响到某些情况也随之变化，这一点跟地球一样。很多天文学家认为是植物的生长导致了这些变化，尽管这些变化只是跟雨水落在沙漠上很像。并没有确凿的证据证明火星上存在生命，也没有铁证证明那上面存在高级生命。或许宇宙中只有地球上才有生命的存在。

氧气有极大的可能跟其他物质之间发生化合现象，可令人惊讶的是，地球的大气层中居然含有那么多的氧气。我们知道大气中源源不断的氧气来源肯定是植物。人们通常也会觉得，其中氧气大部分乃至全部都是源于植物。倘若真是如此，别的行星大气中没有氧气，就说明那里生长的植物跟地球上的并不一样。

其实火星大气中是存在氧气的，只是含量少而已。亚当斯和圣·约翰对火星大气的氧含量作出了估算，结果是还不足地球的15%。另外，金星大气中根本不存在氧气，就算存在，含量也是微乎其微的。圣·约翰得出的估算结论是，金星上即使有氧气存在，表层大气中的含量也不到地球的0.1%。这个证据最重要的作用就是，它证明了，金星这颗整个太阳系中除地球和火星以外仅有的可能存在生命的星球，表面上无植物生长，也没有丝毫氧气可以供给高级生命呼吸。

我们已知生命的存在形式也只限于地球上的，其他形式的生命还是个未知数。生命的存在只占据了宇宙中一个极小的部分而已。茫茫太空中，上万亿颗恒星没有一个能适合生命存在的，以前的情况如此，以后也不会改变。太空中数量极少的行星系中，有生命存在的行星几乎没有。就算是有，也只是某些行星系中的个别行星而已。布鲁诺为了确信世界不止一个，最终献出了自己的生命。从那时开始一直到现在，经过的3个世纪，难以置信地让我们对宇宙的看法有了改观，但却没有让我们深入地了解生命与宇宙到底存在哪些关联。我们对生命意义的理解只能靠假想。生命是色彩斑斓的。相比之下，找到生命的价值却很困难。是不是一切事物都投身于全剧高潮中，为了迎接这个高潮，物质耗费了数百亿年的时间，在没有生命的恒星和星云中发生转变，将大量的辐射能毫无价值地放射到空旷的太空，而所有的一切，都只是为迎接高潮在做准备？

宇宙的诞生、发展和归宿
第六章

或者说生命是否仅是自然进程中一个不经意间的、微小的副产品，而自然进程中还会有让人更加惊奇的结局？或者为了考虑得更加谨慎，我们是否要把生命当成是自然界中传播的一种疾病，当物质后期不再具有高温和高频辐射的时候，才会受其影响，而当物质初期的所处状态是高温和高频辐射时，生命能够被它瞬间摧毁吗？或者直接了当点，我们能不能放开胆量去假想，只有生命才是唯一的实际，是它创造了恒星和星云那种巨大的物质以及难以想象的更加辽阔的宇宙前景，并非其他物质。

　　天文学家没有必要对这些猜测作出判断。他们的责任只是把相关的天文信息传达给我们就足够了。对他们而言，由这些信息引发出来的问题全部提出来，已经超出他们的职责范围了。